南京水利科学研究院出版基金资助

群墩结构

对多向波浪影响的模拟研究

孙忠滨◎著

河海大学出版社
HOHAI UNIVERSITY PRESS
·南京·

图书在版编目(CIP)数据

群墩结构对多向波浪影响的模拟研究 / 孙忠滨著
. -- 南京 ：河海大学出版社，2022.8
ISBN 978-7-5630-7622-2

Ⅰ. ①群… Ⅱ. ①孙… Ⅲ. ①波浪模型试验—研究
Ⅳ. ①TV139.2

中国版本图书馆 CIP 数据核字(2022)第 138213 号

书　　名	群墩结构对多向波浪影响的模拟研究 QUNDUN JIEGOU DUI DUOXIANG BOLANG YINGXIANG DE MONI YANJIU
书　　号	ISBN 978-7-5630-7622-2
责任编辑	王　敏
责任校对	吴　淼
封面设计	张育智　周彦余
出版发行	河海大学出版社
地　　址	南京市西康路 1 号(邮编:210098)
电　　话	(025)83737852(总编室)　(025)83722833(营销部)　(025)83786652(编辑室)
经　　销	江苏省新华发行集团有限公司
排　　版	南京布克文化发展有限公司
印　　刷	苏州市古得堡数码印刷有限公司
开　　本	700 毫米×1000 毫米　1/16
印　　张	7.5
字　　数	139 千字
版　　次	2022 年 8 月第 1 版
印　　次	2022 年 8 月第 1 次印刷
定　　价	48.00 元

前言

由于Boussinesq方程中考虑了一定的非线性和色散性效应，从而可以模拟波浪的非线性运动以及由于地形变化而引起的波群演化等现象，因此在近年来日益受到人们的重视。很多学者利用不同的方法，对经典的Boussinesq方程进行改进，得到各种改进型Boussinesq方程以满足实际工程波浪运动模拟的需要。本书首先对有关Boussinesq方程的研究进行了介绍。

为了更适用于复杂边界区域波浪传播的求解，本书基于Beji和Nadaoka改进的Boussinesq方程，采用非结构三角形网格，建立了可用于近岸波浪传播计算的有限元数值计算模型。模型的时间积分采用四阶Adams－Bashforth－Moulton(ABM)预报-校正法，节点上变量的空间一阶导数采用节点周围单元内变量的一阶导数的加权平均值来确定，有效地处理了方程中变量的三阶空间导数项，使模型可以采用线性单元。模型编程采用了索引存储法，只存储方程中二维数组中的非零元素，可节省计算机的内存。同时，针对与坐标轴斜交的全反射边界，通过引入坐标转换的方法，使得在全反射边界处通过求解切向的动量方程来准确求解该类边界处的速度值。一些算例的结果表明，所建立的基于非结构三角形网格的有限元模型能够适用于非规则区域内的波浪传播计算，并可给出很好的模拟结果。

受计算区域的限制，从结构物边界处反射回来的波浪传到造波边界时会发生二次反射甚至多次反射，污染计算区域的波浪传播甚至使得计算无法进行。为了克服这一问题，书中针对所建立的数值计算模型，引入了域内生成波浪的方法，在域内造波线后设置海绵层用以消除来自计算区域内结构物的反射波浪，避免其再次返回计算区域。计算算例的结果表明，域内造波方法可以产生所期望的规则波、不规则波、多向不规则波以及多向聚焦波等，从而使得长时间模拟波浪对结构物的作用研究成为可能。

实际的波浪是多向的不规则波浪，然而，由于其传播的复杂性，目前大部分关于波浪传播及其与结构物作用的研究，多数基于单向波，而基于多向波的方向分布对于波浪传播及其与结构物作用的影响研究较少。本书首先基于所建立数值模型对多向不规则波以及多向聚焦波进行了数值模拟，计算结果与理论或者实验结果对比良好，再次说明了本书所建立的数值模型的有效性及适用性。

利用所建立的数值计算模型，对群墩结构对多向波浪传播的影响进行了数值模拟研究。结果表明，波浪的方向分布对于多向不规则波作用下群墩的波浪分布有较大的影响，随着方向分布集中度参数 s 的减小，即方向分布越宽，群墩区域附近的波高也越大，多向波会对圆柱产生较单向波更大的影响。研究成果为实际工程设计提供了参考依据。

本书进一步对大直径圆墩结构和群墩结构对多向聚焦波浪的影响进行了模拟研究，并对方向分布集中度、聚焦波幅以及圆柱直径变化对圆柱周围波浪爬高以及波浪分布影响进行了研究，结果表明，多向聚焦波浪的方向分布对于圆柱周围以及群墩内的波浪分布具有明显的影响。对于不同群墩布置情况，针对多向聚焦波浪作用下群墩内的波浪分布提出了相应的结论和建议。总体来讲，当方向分布集中度参数 s 较小时，即方向分布较宽时，对涌高的影响较大，但是当方向分布集中度参数 s 取值为 30～40 或更大时，方向分布集中度参数 s 的变化对涌高的影响较小。

目 录

1

绪　论

1.1　研究目的和意义

海洋是地球生命的摇篮，占地球表面积的 71%，除了能够给人类提供赖以生存的水源之外，也能提供诸如石油、天然气、煤、铁等矿物资源，水产品、交通运输以及海洋动力资源。海洋环境比较复杂，因此有效合理地开发利用海洋资源，做到及时预报、保障生产、规避灾难成为人们关注的主要方向。

波浪荷载是海洋工程中的主要荷载，众多学者对近海区域内的波浪及海流进行了大量研究，但因波浪的复杂性以及环境的恶劣性，这一课题的研究还远没有成熟。由于海底地形较浅并且同时伴有海脊、海沟、岛屿、暗礁等杂乱分布，使得海底地形复杂多变。波浪在近海的传播受地形或者建筑物的影响，将会发生折射、绕射、反射破碎等现象，其存在也会影响港内泊稳、泥沙输运、海岸变形、近岸结构稳定等情况。因此建立可适用于较大范围近岸波浪传播及其与结构物作用的数值计算模型成为研究的主要课题之一。

Boussinesq 方程，考虑了一定的色散性和非线性，能够描述波浪在缓变地形上的传播情况，如频散、辐散及多向波浪传播绕射、折射、反射等。因此基于 Boussinesq 方程的数值计算模型被广泛应用于求解近岸复杂工程区域的波浪传播运动。随着现场观测资料和实验室资料的积累，为数值模型提供了广泛的验证资料，计算机技术的飞速发展也为数值模型的发展提供了良好的技术支持。

目前，现有求解 Boussinesq 方程用于近岸波浪传播研究的数值模型，较多的是基于有限差分法。这一方法的不足之处在于不能够很好地适用于复杂的海岸边界和海上结构物的边界情况。相比较而言，有限元法能够模拟相对复杂的边界情况，因而被逐步应用于波浪传播数值计算模型中。同时，关于波浪传播的研究，目前大部分基于单向波浪，而实际的波浪是多向的不规则波浪，波浪的方向分布对于波浪的传播具有明显的影响，但是目前对于多向不规则波浪传播及其与结构物作用缺少足够的研究。随着海岸和近岸工程问题研究的深入，多向随机波浪成为值得人们关心的问题，因此建立能准确模拟多向不规则波浪及其与结构物作用的数值计算模型具有重要的实际应用价值。同时，圆柱结构在近岸海洋工程中应用十分广泛，诸如跨海大桥、海上采油平台等大部分由圆柱结构作为支撑结构，因此研究多向随机波浪对圆柱结构的作用，明确多向波浪方向分布对于波浪与结构物作用的影响具有重要的现实意义。

基于上述研究现状，本书主要工作的目的是建立采用非结构三角形网格求解 Boussinesq 方程的有限元数值计算模型，使其能够模拟多向不规则波浪以及多向聚焦波浪及其与圆柱群墩结构的相互作用，研究方向分布对于波浪传播变形及其与结构物作用的影响，为实际工程设计提供依据。

1.2 国内外文献综述

基于相同水深处各点水平速度为常数，垂向速度沿水深呈线性分布的假定，Boussinesq[1] 于 1872 年得到一维非线性控制方程——Boussinesq 方程。Peregrine[2] 于 1967 年推导出可以考虑水深变化的经典 Boussinesq 方程。经典 Boussinesq 方程有以下特点：控制方程为质量守恒的连续方程和基于无黏性不可压缩假定的动量方程，动量方程右端存在区别于长波方程的时空三阶混合导数项也即为色散项；控制方程以水深和速度表示，任何情况下都满足质量守恒和动量守恒方程，因此可以描述波浪折射、绕射现象及波浪同反射波浪间的相互作用；经典 Boussinesq 方程是弱色散性和弱非线性的，仅适用于浅水区域。当 $h/L>0.2$ 时，方程所描述的波浪相速度的误差将大于 5%，这与工程实际中出现的不规则波及有航道等变水深情况是不适应的；经典 Boussinesq 方程还不能考虑波浪破碎、强非线性以及环境水流的影响。为提高 Boussinesq 方程的适用范围，近年来关于 Boussinesq 方程的研究主要集中在如何提高方程的非线性和色散性上。

为此研究人员提出了多种改进形式的 Boussinesq 方程。Witting[3] 针对一维常水深情况问题，将代表速度沿海底速度进行 Taylor 展开，用待定系数取代展开式中的系数，通过将方程色散关系与线性波浪的色散关系的 Padé 展开式进行比较，确定其中的系数，所得到的方程的色散性的精度比经典 Boussinesq 方程提高了一阶，但是该方程只适用于等水深情况。采用类似的方法，Madsen 等[4-5]分别在等水深和变水深情况下，在经典 Boussinesq 方程的动量方程中人为加入一个量级为小量的三阶项，它由长波方程导出，在浅水时趋于零，该项前加一个系数，系数的大小通过方程的色散关系和线性色散关系的 Padé[2/2]展开拟合来确定，得到方程的色散性与 Witting 给出的一致。Beji 等[6]在经典 Boussinesq 方程的动量方程中引入高阶导数项用以提高方程的色散性能，得到与 Madsen 等类似的方程，但其方程能量守恒特性好于 Madsen 等人给出的方程[7]。Schäffer 等[8]在连续方程和动量方程中加入色散线性修正项，其系数采用同样的办法来确定，得到色散性精度为 $O(\mu^6)$ 的所谓"深水"Boussinesq 方程。而 Nwogu[9]考虑到方程中采用不同的代表速度时，方程的色散性不同，取任一水深处的速度为方程中的代表速度，重新对其进行推导，得到了与 Witting 和 Madsen 等方程色散性一致的 Boussinesq 方程，张永刚[10]对其进一步扩展，采用两个不同水深处的速度作为方程的代表速度，亦得到色散性精度为 $O(\mu^6)$ 的方程。邹志利[11]于 1996 年通过考虑 $O(\varepsilon\mu^2)$ 阶非线性项在水深较深时的影响，建立了高阶的 Boussinesq 方程，其精度为三阶 $O(\varepsilon^2, \varepsilon\mu^2, \mu^4)$，与经典的 Boussinesq 方程比较，非线性提高了一阶，而色散性和 Witting、Madsen 和 Nwogu 等的方程一致。Lynett 和 Liu[12]得到一种双层波浪模型，可用水深达到 $kh\approx 6$，并且色散性和非线性的性能随着层数增加可进一步提高。从欧拉方程出发，房克照[13]引入 σ 变换处理水深和波面变化，得到精确到 $O(\mu^4)$ 完全非线性适用变水深情况的高阶 Boussinesq 方程，色散性精确到 Padé[4,4]。林建国等[14]采用速度变换和在方程中加入高阶项的方法，得到具有 6 个待定常数的改进型 Boussinesq 方程，其中 3 个参数用以改进方程线性色散关系，另外 3 个用以改进方程变浅作用系数，使得方程精度达到 $O(\mu^8)$。刘忠波等[15]在二阶 Boussinesq 方程中引入水深导数项将其改进，并且利用非交错网格，得到适用于无限沙坝上 Bragg 反射问题的混合四阶 Adams-Bashforth-Moulton 格式模型，通过与试验结果相比较，验证了其模型对于模拟有限个连续沙坝上波浪传播变形的有效性。张洪生等[16]从 Laplace 方程出发，推导了改进的 Boussinesq 型方程，其色散关系精确到 Padé[2, 2]阶近似，保留了所有非线性项和含有能量的耗散项，并且完全满足水底边界条件，对比波面二阶传递函数，分析了高阶非线性方程与弱非线性方程的非线性特征的差别。Agnon 等[17]就提高 Boussinesq 方程的非线性方面取得了较大突破，通过联立自由表面边界条件和 Laplace 方程在静水面处的近似解使得模型具有更高的非线性。采用类似的方法，Madsen 等[18-20]得到了高阶非线性方程，并能够给出速度沿水深分布的更为精确的解。通过考虑底部曲率和底部坡度平方根项，Kim 等[21]得到了一个可以考虑底部水深变化剧烈的 Boussinesq 类型方程，是 Madsen 等[4]于 1992 年得到的方程的一个拓展。Chazel 等[22]于 2009 年得到并研究了一种新型的双层 Boussinesq 方程，可以考虑水深较大情况下的非线性波浪传播。Bingham 等[23] 2009 年重新推导了几种 Madsen 得到的 Boussinesq 方程[18-20]，方程分别为包含速度势和速度公式形式，通过对比，Bingham 等给出了不同方程之间的联系以及速度势和速度之间的关系。另外，Boussinesq 方程大多在时域内求解波浪的波动，可以给出波浪的非线性动态变化过程，这一点，也是令人们对该方程研究感兴趣的原因之一。

经过众多学者多年的积累，Boussinesq 方程发展到目前已经是一种比较完善的能够准确描述近岸波浪传播的模型。对 Boussinesq 方程的数值求解的研究相对于其他诸如缓坡方程而言较少，目前大部分采用有限差分法，典型的可参阅 Wei 等[24]、Beji 等[6]、Skotner 等[25]、陈阳等[26]、周俊陶等[27]给出的有限差分求解 Boussinesq 方程模型。Peregrine[2]最先采用差分法对一维 Boussinesq 方程进行了求解，最早应用差分法对二维 Boussinesq 求解的是 Abbott[28-29]等人。对于二维有限差分法，常用的网格为矩形网格，交错布置变量，因此也被称为交错矩形网格。如詹杰民等[30]在求解高阶 Boussinesq 方程时，采用差分法对方程进行离散，所有空间方向的一阶导数采用四阶精度中心差分，二阶导数采用二阶精度中心差分，而对三阶导数则首先对一阶导数采用一次四阶中心差分后对二阶导数使用二阶中心差分。总体来说，目前常用的有限差分法有三阶精度差分法[2]、交替方向隐式法[4, 5, 26, 28, 31, 32]（ADI 法）、逐行迭代法[33]、预报－校正法[24, 34, 35]（P－C 法）、改进型的 Crank-Nicolson 法[36]，朱良生等[37]采用的变量分属不同网格节点且不在一个时间层上的差分方法，张岩等[38-39]采用二维全隐格式法，其中以 ADI 和 P－C 法应用最多，通过邹志利等[40]对比两种方法结论可知，在精度方面，由于 P－C 法的结果中含有较强的非线性特征并能在编程时容易处理边界条件，因此要优于 ADI 法，但是在计算速度方面则是 ADI 法明显高于 P－C 法[41]。有限差分法有一明显的弱点，不能对海岸波浪计算中经常遇到的复杂边界进行灵活处理，因此近些年学者开始利用有限元法求解 Boussinesq 方程，使之可以灵活地处理各种较复杂的边界。

基于传统的 Boussinesq 方程，一些学者建立了有限元求解波浪传播的模型[42-44]，彼此主要是在时间积分或者单元类型选取上有所区别。对于扩展的 Boussinesq 方程，其中多有三阶导数项，在有限元方法中较难求解，目前的有限元模型中几乎全部是引入辅助变量进行处理。比如 Walkley 等[45-46]通过在连续方程中引入中间变量而建立了基于 Nwogu[9]改进型方程的一维和二维有限元模型，Li 等[47]、柳淑学等[48]通过引入波面的一阶空间导数的中间变量，建立了基于 Beji 等[6]改进型的 Boussinesq 方程的结构化网格的有限元模型。Woo 等[49]利用含有线性函数和三次样条权函数的 Petrov-Galerkin 法建立了完全非线性一维有限元 Boussinesq 模型。在 2004 年，Woo 等[50-51]引入中间变量，建立了基于二维 Nwogu[9]改进型 Boussinesq 方程的有限元模型。Zhao 等[52]建立了基于其[53]2004 年得到的 Boussinesq 方程的有限元模型，并对孤立波对独立圆柱和群墩结构作用进行了数值模拟，得到了较好的结果。Zhong 等[54]也建立了有限元求解 Boussinesq 方程的数值模型并对孤立波与圆柱作用进行了试验和数值研究。但是目前有限元求解 Boussinesq 方程的数值计算模型大多采用结构化网格，而且对于一些特殊的边界，比如全反射边界与坐标斜交，边界节点处的速度求解问题，目前处理得不够完善，因此采用非结构网格，有限元法求解改进的 Boussinesq 方程，建立更加实用的可用于多向波浪传播的数值计算模型，仍然成为目前研究的重要课题。

波浪是工程结构物的主要影响因素，关于波浪与建筑物作用的研究，目前较多的学者都是基于单向波浪（长峰波），但是海浪产生的主要动力源于风，风速和风向的多变加上波浪内部涡动、波面破碎等因素，从而导致海浪是一种多向（短峰波）、高度不规则、不重复的非常复杂的物理现象。尤其是多向波浪的方向分布对于波浪的传播及其对工程结构物的作用具有重要的影响，典型的研究比如 Yu 等[55]对多向波作用单位长堤的波浪力影响进行了研究，结果表明，多向波作用于单位长度防波堤的波浪力通常小于单向波对其的波浪力。对于斜向波浪或者多向波作用于防波堤的总力，因为防波堤各点处的总力不能总是同时达到最大，因此尽管较单向波作用其上的总力较小，但是变化却没有明确的规律性。Matsumi 等[56-58]利用试验方法研究了单向和多向不规则波浪对于斜坡式堤头护面块石影响，结果表明单向波浪和多向波浪对堤头的破坏位置有较大区别。俞聿修[59]等对扭工字块体、四脚空心方块、钩连块体和抛填块石四种护面块体在斜向波和多向不规则波作用下的稳定性进行了试验研究，分析了不同方向、不同频谱形状不规则波与其作用的影响，给出较为实用的护面块体稳定重量计算方法。王丽勤[60]考查了斜向波和多向波作用时，半圆堤上波浪力的变化情况，得出方向分布越宽波浪力纵向折减越大的结论。李孟国等[61]基于 Berkhoff[62]线性规则波缓坡方程，通过考虑非线性色散影响得到改进的缓坡方程，建立了用以模拟多向不规则波浪传播变形的有限差分模型，方向谱采用 Wen 等[63]的结论，通过与试验结果相对比来验证其模型的适用性。李晓亮[64]系统地研究了斜向波与多向不规则波在斜坡堤上的越浪量情况，发现随着方向分布宽度的加宽，平均越浪量有减小的趋势。包艳[65]从多向不规则波具有一定群性的角度分析了多向波群的特征，提出了多向波群模拟的方法，给出影响波群的参数的建议值。同时，多向不规则波在近岸的传播是一非线性的运动过程，传播过程中不同频率和方向的波浪分量相互作用，波能发生传递，产生低频运动，而低频波浪对于港内长波共振、系泊船舶的运动以及海岸的变形都有着重要作用，因此开展有关多向不规则波浪及其与工程结构物作用的数值模拟研究，明确方向分布对于波浪传播特性的影响具有重要的现实意义。

另外，海上极限波浪对于工程结构物具有极大的破坏作用，因此有关极限波浪的观测和模拟研究成为人们日益关注的课题。1995 年 1 月 1 日，在挪威海域测得如图 1.1 所示的一组波浪，可以看出在 4 min 附近出现一波幅远大于其他时刻波面的波浪，在其两侧波谷也较大并且值接近，因其观测日期，这一波面过程被称为“新年波”。新年波是海上波浪的一种极限状态，因此也被称为极限波浪，根据其外观或者破坏影响，又有诸如畸形波、极端波、异常波等称呼，英文名有 freak wave、abnormal wave、rogue wave、 extreme wave、transient wave 等。

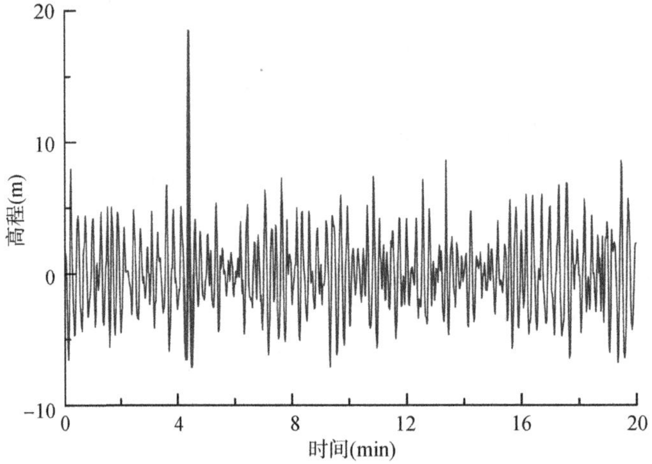

图 1.1 “新年波”波面过程线

总体来说，极限波具有以下特点：

(1) 随机性。极限波可以发生在任何海域，任何天气情况下，因此较难预报。

(2) 破坏性。Tørum 等[66]给出的极限波定义是波高大于 2 倍有效波高的单波即可认为是极限波，因此极限波的波高较大从而有较强破坏性。

(3) 突然性。极限波的前波很陡且升高很快，因此存在的时间较短。

就极限波的成因，目前存在以下几种观点。White 等[67]给出了波流互相作用下生成极限波的过程假说，即当深水重力波经过弯曲段或者变化潮流区域的时候，水流可以起到类似光学棱镜的作用，将波浪聚集到某一区域，从而形成极限波，南非东海海域发生的极限波是支持假说的证据。阿古拉斯海流区域极限波发生的时候，Mallory[68]注意到极限波发生前一般有逐渐加强的东北风吹过，后来又转为东南风，随着风速逐渐加强，波浪波长也逐渐变大，并且由于色散关系的辐聚，加之不同方向的波浪的叠加，导致极限波的发生概率也逐渐提高。通过计算该区域的波浪射线，发现其聚合点和经常观测到极限波的地点有一定的对应[69]。Benjamin 等[70]发现对于等波幅的斯托克斯波在演化过程中存在不稳定现象，因此有学者认为非线性介质内部色散聚焦原理和 B－F 不稳定性导致的波浪增高也是极限波产生的一个原因[71-76]。总体来说，产生极限波的原因大概有外在影响(强风引起、地形变化引起、波流相互作用、偏转反射以及变形影响)和内在影响(线性能量叠加、非线性波-波相互作用)。归根结底，极限波的产生是由于在某一时刻，某一位置处发生波能聚焦，这一观点几乎得到所有学者的认可，从这一角度，极限波也可称之为聚焦波。

另外，随着人类对海洋的利用及对海洋资源的开发，需要建设越来越多的海岸及海洋工程，这些结构中诸如海上机场、跨海大桥、采油平台、大型浮体结构(VLFS)或者防波堤等大部分都是群墩支撑结构。由于群墩结构应用广泛，因此对于波浪与群墩结构作用的研究，成为人们一直关注的课题之一。关于这方面的研究，学者们发展了很多理论和数值模型。最早研究这些结构的学者是 Twersky[77]，其于 1952 年通过引入迭代程序建立了考虑各阶散射关系的数值解模型。典型的研究还包括，Spring 等[78]通过同时考虑群墩处的边界条件，采用直接法得到了圆柱一阶波浪力。Maniar 等[79]考虑了由 101 个圆柱墩所组成的群墩对波浪绕射的影响，通过研究发现当波数接近“trapped mode”[80]时，在群墩的中心位置，会出现很大的力。Evans 等[81]发现“trapped mode”不仅发生于圆柱较多的群墩结构中，当墩柱个数较少时，只要间距和波数满足一定关系，同样可以出现“trapped mode”情况。Wang 等[82-84]建立了时域模型用于研究群墩对波浪的影响，也得到了类似的结论。Ai 等[85]利用有限体积法建立了基于三维网格求解 Navier-Stokes 方程的数值模型，并研究了波浪与群墩作用。尽管关于波浪与群墩作用的研究较多，但是绝大部分的研究均采用单向波浪，关于多向波与群墩作用的文献很少。Silva 等[86]基于势流理论和线性波理论对波浪与带孔群桩结构作用进行了研究，主要分析了开孔圆柱对单向以及多向波浪传播的影响，但未对方向分布集中度变化的影响规律给出足够的分析。如前所述，实际海洋的波浪多为短峰的多向不规则波浪，波浪的方向分布对于波浪与结构物的作用具有重要的影响，因此考虑具有方向分布特性的波浪与圆柱或群墩结构的作用，确定波浪的方向分布对于波浪与结构物作用的影响，可为近海工程设计和建设提供重要的参考。

1.3 主要工作

本书基于 Beji 等[6]于 1996 年得到的改进型的 Boussinesq 方程，建立了采用非结构三角形网格的有限元模型，使其能够更好地模拟波浪在不规则水域传播及波浪与圆柱结构的相互作用。针对多向不规则波浪和多向聚焦波浪及其与群墩结构作用进行了数值模拟研究，给出波浪方向分布、圆柱直径和圆柱间距等对群墩周围波浪分布的影响。本书结构和具体的研究内容如下：

第 1 章，总结近岸波浪传播的现有研究成果，提出研究工作及重点。

第 2 章，介绍所建立的数值模型及对一些经典算例的模拟结果。

第 3 章，介绍域内造波及其使用效果。

第 4 章，对多向波与圆柱群墩作用进行了数值模拟。

将多向波浪及单向波浪分别与群墩作用的结果进行对比，研究了方向分布集中度、圆柱直径、圆柱间距等对多向不规则波浪与群墩作用的影响。

第 5 章，对多向聚焦波进行了数值模拟并研究其与独立圆柱的相互作用。

首先考查了本书模型对多向聚焦波浪的模拟效果，并给出了多向聚焦波的一些特性。然后研究多向聚焦波与独立圆柱作用的情况，分析了波浪方向分布和圆柱直径对波浪沿圆柱爬高的影响。

第 6 章，采用数值模拟研究了多向聚焦波浪与群墩结构的相互作用。

通过数值模拟，研究了群墩结构不同布置形式对几种多向聚焦波浪传播的影响，并研究了方向分布对于群墩波浪爬高等的影响。

第 7 章，给出了本书的一些结论和研究展望。

2

非结构单元有限元波浪数值模型的建立及验证

如绪论部分所述，Boussinesq 方程由于考虑了一定的非线性和色散性而越来越广泛地应用于近岸波浪的传播模拟中，因此学者们也建立了很多数值模型。本书基于 Beji 和 Nadaoka 于 1996 年得到的改进型的 Boussinesq 方程，建立了适用于非结构三角形网格的数值模型，并对与坐标轴斜交的全反射边界进行处理，从而使模型能够处理较复杂的边界情况。利用所建立的模型对一些经典算例进行了计算，结果表明，本书所建立的数值模型可以给出较好结果，模型中对全反射边界的处理也取得了较理想结果。

2.1 模型控制方程

海岸处的水深大部分处于浅水或者过渡水深的范围，波浪在这一区域传播也是非线性的传播过程，由于考虑了弱非线性和色散性，Boussinesq 方程是描述海岸波浪运动的较好的数学模型。1967 年，Peregrine 考虑波浪传播的非线性变化，引入如式(2.1)、式(2.2)中两个小参数 ε 和 μ，采用摄动展开法得到变水深条件下的二维 Boussinesq 方程，被称为经典 Boussinesq 方程，以后的各种形式 Boussinesq 方程多是在此基础上进行改进优化的。

$$\varepsilon = a/h \tag{2.1}$$

$$\mu = h_0/L \tag{2.2}$$

Peregrine 给出的经典方程为：

$$\eta_t + \nabla\cdot[(h+\eta)\boldsymbol{u}] = 0 \tag{2.3}$$

$$\boldsymbol{u}_t + (\boldsymbol{u} \cdot \nabla)\boldsymbol{u} + g\,\nabla\eta = \frac{h}{2}\,\nabla[\nabla\cdot(h\,\boldsymbol{u}_t)] - \frac{h^2}{6}\,\nabla(\nabla\cdot\boldsymbol{u}_t) \tag{2.4}$$

其对应的色散方程为：

$$\omega^2 = \frac{gk^2h}{1+(kh)^2/3};\quad \frac{c^2}{gh} = \frac{1}{1+(kh)^2/3} \tag{2.5}$$

式中：$\boldsymbol{u}=(u、v)$为二维沿水深平均的水质点速度；η 为波面到静水面之间的距离；h 为水深；g 为重力加速度；k 为波数；c 为波浪的相速度。采用与 Peregrine 类似的推导方法，以静水面处速度 $\boldsymbol{u}_s$表示的 Boussinesq 方程可以表示为：

$$\eta_t + \nabla\cdot[(h+\eta)\,\boldsymbol{u}_s] = -\frac{1}{2}\,\nabla\cdot\left\{h^2\,\nabla[\nabla\cdot(h\,\boldsymbol{u}_s)] - \frac{1}{3}h^3\,\nabla(\nabla\cdot\boldsymbol{u}_s)\right\} \tag{2.6}$$

$$(\boldsymbol{u}_s)_t + (\boldsymbol{u}_s \cdot \nabla)\,\boldsymbol{u}_s + g\,\nabla\eta = 0 \tag{2.7}$$

其对应的色散方程为：

$$\omega^2 = \frac{gk^2h}{1-(kh)^2/3};\quad \frac{c^2}{gh} = 1-(kh)^2/3 \tag{2.8}$$

同理，以水底面处速度 $\boldsymbol{u}_b$表示的 Boussinesq 方程可以表示为：

$$\eta_t + \nabla\cdot[(h+\eta)\,\boldsymbol{u}_b] = \nabla\cdot\left\{\frac{h^2}{2}\,\nabla[\nabla\cdot(h\,\boldsymbol{u}_b)] - \frac{1}{3}h^3\,\nabla(\nabla\cdot\boldsymbol{u}_b)\right\} \tag{2.9}$$

$$(\boldsymbol{u}_b)_t + (\boldsymbol{u}_b \cdot \nabla)\,\boldsymbol{u}_b + g\,\nabla\eta = \frac{\partial}{\partial t}\left\{h\,\nabla[\nabla\cdot(h\,\boldsymbol{u}_b)] - \frac{1}{2}h^2\,\nabla(\nabla\cdot\boldsymbol{u}_b)\right\} \tag{2.10}$$

其对应的色散方程为：

$$\omega^2 = \frac{gk^2h[1-(kh)^2/6]}{1+(kh)^2/2};\quad \frac{c^2}{gh} = \frac{1+(kh)^2/6}{1+(kh)^2/2} \tag{2.11}$$

Peregrine 经典方程中考虑一阶非线性 ε 和色散性 μ^2 影响，所以对于规则波浪该方程给出的波形为椭圆余弦波或孤立波，这与实际海岸观测的波浪是一致的，可知 Boussinesq 方程可以较准确地模拟近岸处的波浪传播，所以近些年来在海岸波浪研究中 Boussinesq 方程得到了广泛应用。然而，该 Boussinesq 方程只适合用于浅水波浪模拟，当水深与波长之比达到 1/5 时，则相速度的误差大于 5%，波浪模拟结果会有较大的误差。

为了提高经典 Boussinesq 方程的适用范围，近年来关于 Boussinesq 方程的研究主要集中在如何提高方程的非线性和色散性上，为此研究人员提出了多种改进形式的 Boussinesq 方程。典型方程如 Madsen 等、Beji 和 Nadaoka、Schäffer 和 Madsen、Nwogu、林建国和邹志利等采用不同的处理方式给出的改进的 Boussinesq 方程。

式(2.4)经过基本变换可得到：

$$\boldsymbol{u}_t+(\boldsymbol{u}\cdot\nabla)\boldsymbol{u}+g\nabla\eta=(1+\beta)\frac{h}{2}\nabla[\nabla\cdot(h\boldsymbol{u}_t)]-\frac{\beta h}{2}\nabla[\nabla\cdot(h\boldsymbol{u}_t)]$$
$$-(1+\beta)\frac{h^2}{6}\nabla(\nabla\cdot\boldsymbol{u}_t)+\frac{\beta h^2}{6}\nabla(\nabla\cdot\boldsymbol{u}_t) \tag{2.12}$$

由一阶方程

$$\begin{aligned}&\frac{\partial\boldsymbol{u}}{\partial t}+\nabla\eta=0\\&\frac{\partial\eta}{\partial t}+\nabla\cdot(h\boldsymbol{u})=0\end{aligned} \tag{2.13}$$

可知 $\boldsymbol{u}_t=-g\nabla\eta$，代入式(2.12)中可得：

$$\boldsymbol{u}_t+(\boldsymbol{u}\cdot\nabla)\boldsymbol{u}+g\nabla\eta=(1+\beta)\frac{\partial}{\partial t}\left\{\frac{1}{2}h\nabla[\nabla\cdot(h\boldsymbol{u}_t)]-\frac{h^2}{6}\nabla(\nabla\cdot\boldsymbol{u}_t)\right\}+$$
$$\beta g\left\{\frac{1}{2}h\nabla[\nabla\cdot(h\nabla\eta)]-\frac{h^2}{6}\nabla(\nabla^2\eta)\right\} \tag{2.14}$$

$$\eta_t+\nabla\cdot[(h+\eta)\boldsymbol{u}]=0 \tag{2.15}$$

式(2.14)与式(2.15)即为 Beji 和 Nadaoka 在 1996 年得到的改进的 Boussinesq 方程。其对应的色散关系为：

$$\omega^2=\frac{gk^2h[1+\beta(kh)^2/3]}{1+(\beta+1)(kh)^2/3};\quad \frac{c^2}{gh}=\frac{1+\beta(kh)^2/3}{1+(\beta+1)(kh)^2/3} \tag{2.16}$$

当 $\beta=1/5$ 时，式(2.16)相当于精确色散关系的[1/1]Padé 展开。

Airy 波精确线性色散关系为：

$$\omega^2=gk\tanh kh;\quad \frac{c^2}{gh}=\frac{\tanh kh}{kh} \tag{2.17}$$

几种方程的色散性对比如图 2.1 所示。由图可以看出，由式(2.14)、式(2.15)Beji 和 Nadaoka 给出的改进型的 Boussinesq 方程可以给出与理论色散性较一致的结果。

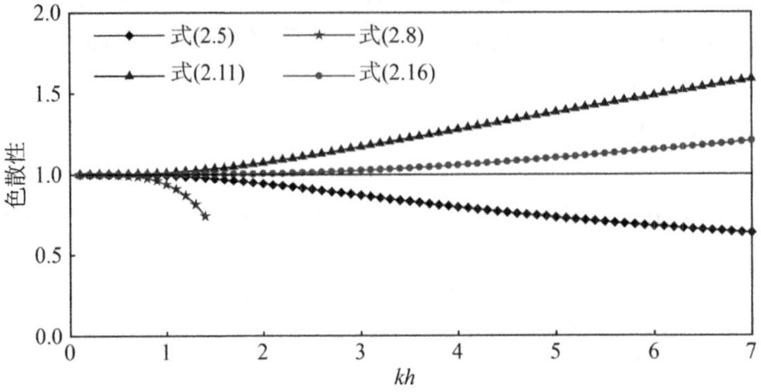

图 2.1　不同方程色散性对比

2.2　有限元方程

将式(2.14)与式(2.15)中时间导数项合并，其标量形式为：

$$\eta_t + \frac{\partial}{\partial x}(Hu) + \frac{\partial}{\partial y}(Hv) = 0 \tag{2.18}$$

$$p_t + u\frac{\partial u}{\partial x} + v\frac{\partial u}{\partial y} + g\frac{\partial \eta}{\partial x} - \frac{\beta g h}{2}\frac{\partial}{\partial x}\left[\frac{\partial(hc)}{\partial x} + \frac{\partial(hd)}{\partial y}\right] + \frac{\beta g h^2}{6}\frac{\partial}{\partial x}\left(\frac{\partial c}{\partial x} + \frac{\partial d}{\partial y}\right) = 0 \tag{2.19}$$

$$q_t + u\frac{\partial v}{\partial x} + v\frac{\partial v}{\partial y} + g\frac{\partial \eta}{\partial y} - \frac{\beta g h}{2}\frac{\partial}{\partial y}\left[\frac{\partial(hc)}{\partial x} + \frac{\partial(hd)}{\partial y}\right] + \frac{\beta g h^2}{6}\frac{\partial}{\partial y}\left(\frac{\partial c}{\partial x} + \frac{\partial d}{\partial y}\right) = 0 \tag{2.20}$$

$$u - \beta_1\frac{h}{2}\frac{\partial}{\partial x}\left[\frac{\partial(hu)}{\partial x} + \frac{\partial(hv)}{\partial y}\right] + \beta_1\frac{h^2}{6}\frac{\partial}{\partial x}\left[\frac{\partial u}{\partial x} + \frac{\partial v}{\partial y}\right] = p \tag{2.21}$$

$$v - \beta_1\frac{h}{2}\frac{\partial}{\partial y}\left[\frac{\partial(hu)}{\partial x} + \frac{\partial(hv)}{\partial y}\right] + \beta_1\frac{h^2}{6}\frac{\partial}{\partial y}\left[\frac{\partial u}{\partial x} + \frac{\partial v}{\partial y}\right] = q \tag{2.22}$$

式中：$\beta_1 = 1+\beta$；$H = h+\eta$；$c = \partial\eta/\partial x$；$d = \partial\eta/\partial y$。

忽略水深变量的二阶导数，设求解域为 Ω，取 W 为式(2.18)～式(2.22)的权函数，则其 Galerkin 加权余量式为：

$$\iint_{\Omega}\left[\eta_t+\frac{\partial}{\partial x}(Hu)+\frac{\partial}{\partial y}(Hv)\right]W\mathrm{d}x\mathrm{d}y=0 \tag{2.23}$$

$$\iint_{\Omega}\left[p_t+u\frac{\partial u}{\partial x}+v\frac{\partial u}{\partial y}+g\frac{\partial \eta}{\partial x}-\frac{\beta gh}{2}\frac{\partial}{\partial x}\left[\frac{\partial(hc)}{\partial x}+\frac{\partial(hd)}{\partial y}\right]+\frac{\beta gh^2}{6}\frac{\partial}{\partial x}\left(\frac{\partial c}{\partial x}+\frac{\partial d}{\partial y}\right)\right]W\mathrm{d}x\mathrm{d}y=0 \tag{2.24}$$

$$\iint_{\Omega}\left[q_t+u\frac{\partial v}{\partial x}+v\frac{\partial v}{\partial y}+g\frac{\partial \eta}{\partial y}-\frac{\beta gh}{2}\frac{\partial}{\partial y}\left[\frac{\partial(hc)}{\partial x}+\frac{\partial(hd)}{\partial y}\right]+\frac{\beta gh^2}{6}\frac{\partial}{\partial y}\left(\frac{\partial c}{\partial x}+\frac{\partial d}{\partial y}\right)\right]W\mathrm{d}x\mathrm{d}y=0 \tag{2.25}$$

$$\iint_{\Omega}\left\{u-\frac{\beta_1 h}{2}\frac{\partial}{\partial x}\left[\frac{\partial(hu)}{\partial x}+\frac{\partial(hv)}{\partial y}\right]+\frac{\beta_1 h^2}{6}\frac{\partial}{\partial x}\left[\frac{\partial u}{\partial x}+\frac{\partial v}{\partial y}\right]\right\}W\mathrm{d}x\mathrm{d}y=\iint_{\Omega}pW\mathrm{d}x\mathrm{d}y \tag{2.26}$$

$$\iint_{\Omega}\left\{v-\beta_1\frac{h}{2}\frac{\partial}{\partial y}\left[\frac{\partial(hu)}{\partial x}+\frac{\partial(hv)}{\partial y}\right]+\frac{\beta_1 h^2}{6}\frac{\partial}{\partial y}\left[\frac{\partial u}{\partial x}+\frac{\partial v}{\partial y}\right]\right\}W\mathrm{d}x\mathrm{d}y=\iint_{\Omega}qW\mathrm{d}x\mathrm{d}y \tag{2.27}$$

由分部积分法和 Green 公式降阶后可得式(2.23)～式(2.27)弱积分形式为：

$$\iint_{\Omega}\left[\eta_t+\frac{\partial}{\partial x}(Hu)+\frac{\partial}{\partial y}(Hv)\right]W\mathrm{d}x\mathrm{d}y=0 \tag{2.28}$$

$$\begin{aligned}
&\iint_{\Omega}\left[p_t+\frac{1}{2}\frac{\partial}{\partial x}(u^2+v^2)+g\frac{\partial \eta}{\partial x}\right]W\mathrm{d}x\mathrm{d}y\\
&-\int_{\Omega_b}\frac{\beta gh}{2}Wn_x\left[\frac{\partial(hc)}{\partial x}+\frac{\partial(hd)}{\partial y}\right]\mathrm{d}s+\int_{\Omega_b}\frac{\beta gh^2}{6}Wn_x\left(\frac{\partial c}{\partial x}+\frac{\partial d}{\partial y}\right)\mathrm{d}s\\
&+\frac{\beta g}{2}\iint_{\Omega}\left[h\frac{\partial W}{\partial x}\frac{\partial(hc)}{\partial x}+h\frac{\partial W}{\partial x}\frac{\partial(hd)}{\partial y}+W\frac{\partial h}{\partial x}\frac{\partial(hc)}{\partial x}+W\frac{\partial h}{\partial x}\frac{\partial(hd)}{\partial y}\right]\mathrm{d}x\mathrm{d}y\\
&-\frac{\beta g}{6}\iint_{\Omega}h^2\frac{\partial W}{\partial x}\frac{\partial c}{\partial x}\mathrm{d}x\mathrm{d}y-\frac{\beta g}{6}\iint_{\Omega}h^2\frac{\partial W}{\partial x}\frac{\partial d}{\partial y}\mathrm{d}x\mathrm{d}y\\
&-\frac{\beta g}{3}\iint_{\Omega}Wh\frac{\partial h}{\partial x}\frac{\partial c}{\partial x}\mathrm{d}x\mathrm{d}y-\frac{\beta g}{3}\iint_{\Omega}Wh\frac{\partial h}{\partial x}\frac{\partial d}{\partial y}\mathrm{d}x\mathrm{d}y=0
\end{aligned} \tag{2.29}$$

$$\iint_{\Omega}\left[q_t+\frac{1}{2}\frac{\partial}{\partial y}(u^2+v^2)+g\frac{\partial\eta}{\partial y}\right]W\mathrm{d}x\mathrm{d}y$$
$$-\int_{\Omega_b}\frac{\beta gh}{2}Wn_y\left[\frac{\partial(hc)}{\partial x}+\frac{\partial(hd)}{\partial y}\right]\mathrm{d}s+\int_{\Omega_b}\frac{\beta gh^2}{6}Wn_y\left(\frac{\partial c}{\partial x}+\frac{\partial d}{\partial y}\right)\mathrm{d}s$$
$$+\frac{\beta g}{2}\iint_{\Omega}\left[h\frac{\partial W}{\partial y}\frac{\partial(hc)}{\partial x}+h\frac{\partial W}{\partial y}\frac{\partial(hd)}{\partial y}+W\frac{\partial h}{\partial y}\frac{\partial(hc)}{\partial x}+W\frac{\partial h}{\partial y}\frac{\partial(hd)}{\partial y}\right]\mathrm{d}x\mathrm{d}y \tag{2.30}$$
$$-\frac{\beta g}{6}\iint_{\Omega}h^2\frac{\partial W}{\partial y}\frac{\partial c}{\partial x}\mathrm{d}x\mathrm{d}y-\frac{\beta g}{6}\iint_{\Omega}h^2\frac{\partial W}{\partial y}\frac{\partial d}{\partial y}\mathrm{d}x\mathrm{d}y$$
$$-\frac{\beta g}{3}\iint_{\Omega}Wh\frac{\partial h}{\partial y}\frac{\partial c}{\partial x}\mathrm{d}x\mathrm{d}y-\frac{\beta g}{3}\iint_{\Omega}Wh\frac{\partial h}{\partial y}\frac{\partial d}{\partial y}\mathrm{d}x\mathrm{d}y=0$$

$$\iint_{\Omega}\left[u-\beta_1h\frac{\partial h}{\partial x}\frac{\partial u}{\partial x}-\frac{\beta_1}{2}h\frac{\partial h}{\partial y}\frac{\partial v}{\partial x}-\frac{\beta_1}{2}h\frac{\partial h}{\partial x}\frac{\partial v}{\partial y}\right]W\mathrm{d}x\mathrm{d}y$$
$$+\frac{\beta_1}{3}\iint_{\Omega}h^2\left[\frac{\partial W}{\partial x}\frac{\partial u}{\partial x}+\frac{\partial W}{\partial y}\frac{\partial v}{\partial x}\right]\mathrm{d}x\mathrm{d}y+\frac{\beta_1}{3}\iint_{\Omega}2h\left[\frac{\partial h}{\partial x}\frac{\partial u}{\partial x}+\frac{\partial h}{\partial y}\frac{\partial v}{\partial x}\right]W\mathrm{d}x\mathrm{d}y \tag{2.31}$$
$$-\frac{\beta_1}{3}\int_{\Omega_b}h^2\frac{\partial u}{\partial x}Wn_x\mathrm{d}s-\frac{\beta_1}{3}\int_{\Omega_b}h^2\frac{\partial v}{\partial x}Wn_y\mathrm{d}s=\iint_{\Omega}Wp\,\mathrm{d}x\mathrm{d}y$$

$$\iint_{\Omega}\left[v-\beta_1h\frac{\partial h}{\partial y}\frac{\partial v}{\partial y}-\frac{\beta_1}{2}h\frac{\partial h}{\partial x}\frac{\partial u}{\partial x}-\frac{\beta_1}{2}h\frac{\partial h}{\partial y}\frac{\partial u}{\partial x}\right]W\mathrm{d}x\mathrm{d}y$$
$$+\frac{\beta_1}{3}\iint_{\Omega}h^2\left[\frac{\partial W}{\partial y}\frac{\partial v}{\partial y}+\frac{\partial W}{\partial x}\frac{\partial u}{\partial y}\right]\mathrm{d}x\mathrm{d}y+\frac{\beta_1}{3}\iint_{\Omega}2h\left[\frac{\partial h}{\partial y}\frac{\partial v}{\partial y}+\frac{\partial h}{\partial x}\frac{\partial u}{\partial y}\right]W\mathrm{d}x\mathrm{d}y \tag{2.32}$$
$$-\frac{\beta_1}{3}\int_{\Omega_b}h^2\frac{\partial y}{\partial x}Wn_y\mathrm{d}s-\frac{\beta_1}{3}\int_{\Omega_b}h^2\frac{\partial u}{\partial y}Wn_x\mathrm{d}s=\iint_{\Omega}Wq\,\mathrm{d}x\mathrm{d}y$$

按照有限元的求解方法，将求解区域 Ω 剖分成 nd 个单元，将典型单元记为 Ω^e，在单元内相关变量 f 可表示为：

$$f\approx\sum_{i=1}^{nd}N_if_i \tag{2.33}$$

式中：f 分别代表 η、u、v、h、H 等；f_i 为节点值；N_i 为单元插值函数。从而可得式(2.28)～式(2.32)相应单元的有限元方程为：

$$M_{ki}\dot{\eta}_i+S_{ki}(Hu)_i+T_{ki}(Hv)_i=0 \tag{2.34}$$

$$M_{ki}\dot{p}_i + gS_{ki}\eta_i + \frac{S_{ki}(u_i^2 + v_i^2)}{2} + \beta g(AP1_{ki}h_i c_i + AP2_{ki}h_i d_i + AP3_{ki}c_i + AP4_{ki}d_i) = 0 \tag{2.35}$$

$$M_{ki}\dot{q}_i + gT_{ki}\eta_i + \frac{T_{ki}(u_i^2 + v_i^2)}{2} + \beta g(AQ1_{ki}h_i c_i + AQ2_{ki}h_i d_i + AQ3_{ki}c_i + AQ4_{ki}d_i) = 0 \tag{2.36}$$

$$(M_{ki} + \beta_1 A_{ki})u_i + \beta_1 W_{ki}v_i = M_{ki}p_i \tag{2.37}$$

$$(M_{ki} + \beta_1 B_{ki})v_i + \beta_1 X_{ki}u_i = M_{ki}q_i \tag{2.38}$$

其中顶标“·”表示对时间求导以及

$$M_{ki} = \iint_\Omega N_k N_i \mathrm{d}x\mathrm{d}y \tag{2.39}$$

$$S_{ki} = \iint_\Omega N_k \frac{\partial N_i}{\partial x}\mathrm{d}x\mathrm{d}y; \quad T_{ki} = \iint_\Omega N_k \frac{\partial N_i}{\partial y}\mathrm{d}x\mathrm{d}y \tag{2.40}$$

$$AP1_{ki} = \frac{1}{2}\iint_\Omega h\frac{\partial N_k}{\partial x}\frac{\partial N_i}{\partial x}\mathrm{d}x\mathrm{d}y + \frac{1}{2}\iint_\Omega h_x N_k \frac{\partial N_i}{\partial x}\mathrm{d}x\mathrm{d}y - SP1_{ki} \tag{2.41}$$

$$AP2_{ki} = \frac{1}{2}\iint_\Omega h\frac{\partial N_k}{\partial x}\frac{\partial N_i}{\partial y}\mathrm{d}x\mathrm{d}y + \frac{1}{2}\iint_\Omega h_x N_k \frac{\partial N_i}{\partial y}\mathrm{d}x\mathrm{d}y - SP2_{ki} \tag{2.42}$$

$$AP3_{ki} = -\frac{1}{6}\iint_\Omega h^2\frac{\partial N_k}{\partial x}\frac{\partial N_i}{\partial x}\mathrm{d}x\mathrm{d}y - \frac{1}{3}\iint_\Omega hh_x N_k \frac{\partial N_i}{\partial x}\mathrm{d}x\mathrm{d}y - SP3_{ki} \tag{2.43}$$

$$AP4_{ki} = -\frac{1}{6}\iint_\Omega h^2\frac{\partial N_k}{\partial x}\frac{\partial N_i}{\partial y}\mathrm{d}x\mathrm{d}y - \frac{1}{3}\iint_\Omega hh_x N_k \frac{\partial N_i}{\partial y}\mathrm{d}x\mathrm{d}y - SP4_{ki} \tag{2.44}$$

$$AQ1_{ki} = \frac{1}{2}\iint_\Omega h\frac{\partial N_k}{\partial x}\frac{\partial N_i}{\partial x}\mathrm{d}x\mathrm{d}y + \frac{1}{2}\iint_\Omega h_y N_k \frac{\partial N_i}{\partial x}\mathrm{d}x\mathrm{d}y - SQ1_{ki} \tag{2.45}$$

$$AQ2_{ki} = \frac{1}{2}\iint_\Omega h\frac{\partial N_k}{\partial y}\frac{\partial N_i}{\partial y}\mathrm{d}x\mathrm{d}y + \frac{1}{2}\iint_\Omega h_y N_k \frac{\partial N_i}{\partial y}\mathrm{d}x\mathrm{d}y - SQ2_{ki} \tag{2.46}$$

$$AQ3_{ki} = -\frac{1}{6}\iint_\Omega h^2\frac{\partial N_k}{\partial y}\frac{\partial N_i}{\partial x}\mathrm{d}x\mathrm{d}y - \frac{1}{3}\iint_\Omega hh_y N_k \frac{\partial N_i}{\partial x}\mathrm{d}x\mathrm{d}y - SQ3_{ki} \tag{2.47}$$

$$AQ4_{ki} = -\frac{1}{6}\iint_\Omega h^2\frac{\partial N_k}{\partial y}\frac{\partial N_i}{\partial y}\mathrm{d}x\mathrm{d}y - \frac{1}{3}\iint_\Omega hh_y N_k \frac{\partial N_i}{\partial y}\mathrm{d}x\mathrm{d}y - SQ4_{ki} \tag{2.48}$$

$$A_{ki} = \frac{1}{3}\iint_\Omega h^2\frac{\partial N_k}{\partial x}\frac{\partial N_i}{\partial x}\mathrm{d}x\mathrm{d}y - \frac{1}{3}\iint_\Omega hh_x N_k \frac{\partial N_i}{\partial x}\mathrm{d}x\mathrm{d}y - SA_{ki} \tag{2.49}$$

$$B_{ki}=\frac{1}{3}\iint_{\Omega}h^{2}\frac{\partial N_{k}}{\partial y}\frac{\partial N_{i}}{\partial y}\mathrm{d}x\mathrm{d}y-\frac{1}{3}\iint_{\Omega}hh_{y}N_{k}\frac{\partial N_{i}}{\partial y}\mathrm{d}x\mathrm{d}y-SB_{ki}\quad(2.50)$$

$$W_{ki}=\frac{1}{3}\iint_{\Omega}h^{2}\frac{\partial N_{k}}{\partial x}\frac{\partial N_{i}}{\partial y}\mathrm{d}x\mathrm{d}y+\frac{1}{6}\iint_{\Omega}hh_{y}N_{k}\frac{\partial N_{i}}{\partial x}\mathrm{d}x\mathrm{d}y-\frac{1}{2}\iint_{\Omega}hh_{x}N_{k}\frac{\partial N_{i}}{\partial y}\mathrm{d}x\mathrm{d}y-SW_{ki}\quad(2.51)$$

$$X_{ki}=\frac{1}{3}\iint_{\Omega}h^{2}\frac{\partial N_{k}}{\partial y}\frac{\partial N_{i}}{\partial x}\mathrm{d}x\mathrm{d}y+\frac{1}{6}\iint_{\Omega}hh_{x}N_{k}\frac{\partial N_{i}}{\partial y}\mathrm{d}x\mathrm{d}y-\frac{1}{2}\iint_{\Omega}hh_{y}N_{k}\frac{\partial N_{i}}{\partial x}\mathrm{d}x\mathrm{d}y-SX_{ki}\quad(2.52)$$

式中：h_x 和 h_y 为对 x、y 求导；$SP1_{ki}$、$SP2_{ki}$、$SP3_{ki}$、$SP4_{ki}$、$SQ1_{ki}$、$SQ2_{ki}$、$SQ3_{ki}$、$SQ4_{ki}$、SA_{ki}、SB_{ki}、SW_{ki} 和 SX_{ki} 为边界积分。

$$SP1_{ki}=\frac{1}{2}\int_{\Omega_b}hN_{k}\frac{\partial N_{i}}{\partial x}n_{x}\mathrm{d}s;\quad SP2_{ki}=\frac{1}{2}\int_{\Omega_b}hN_{k}\frac{\partial N_{i}}{\partial y}n_{x}\mathrm{d}s\quad(2.53)$$

$$SP3_{ki}=-\frac{1}{6}\int_{\Omega_b}h^{2}N_{k}\frac{\partial N_{i}}{\partial x}n_{x}\mathrm{d}s;\quad SP4_{ki}=-\frac{1}{6}\int_{\Omega_b}h^{2}N_{k}\frac{\partial N_{i}}{\partial y}n_{x}\mathrm{d}s\quad(2.54)$$

$$SQ1_{ki}=\frac{1}{2}\int_{\Omega_b}hN_{k}\frac{\partial N_{i}}{\partial x}n_{y}\mathrm{d}s;\quad SQ2_{ki}=\frac{1}{2}\int_{\Omega_b}hN_{k}\frac{\partial N_{i}}{\partial y}n_{y}\mathrm{d}s\quad(2.55)$$

$$SQ3_{ki}=-\frac{1}{6}\int_{\Omega_b}h^{2}N_{k}\frac{\partial N_{i}}{\partial x}n_{y}\mathrm{d}s;\quad SQ4_{ki}=-\frac{1}{6}\int_{\Omega_b}h^{2}N_{k}\frac{\partial N_{i}}{\partial y}n_{y}\mathrm{d}s\quad(2.56)$$

$$SA_{ki}=\frac{1}{3}\int_{\Omega_b}h^{2}N_{k}\frac{\partial N_{i}}{\partial x}n_{x}\mathrm{d}s;\quad SW_{ki}=\frac{1}{3}\int_{\Omega_b}h^{2}N_{k}\frac{\partial N_{i}}{\partial x}n_{y}\mathrm{d}s\quad(2.57)$$

$$SB_{ki}=\frac{1}{3}\int_{\Omega_b}h^{2}N_{k}\frac{\partial N_{i}}{\partial y}n_{y}\mathrm{d}s;\quad SX_{ki}=\frac{1}{3}\int_{\Omega_b}h^{2}N_{k}\frac{\partial N_{i}}{\partial y}n_{x}\mathrm{d}s\quad(2.58)$$

式中：Ω_b 为单元边界；n_x 和 n_y 为边界外法向的方向余弦，显然当单元边界与求解区域重合时才有值。为了解决实际工程中存在较广的复杂边界情况，同时考虑可以针对较大区域的波浪传播进行模拟计算，本书中模型单元均采用线性三角形单元。由于模型方程中存在波面 η 的三阶空间导数项，而线性单元间一阶导数项不连续，因此在求解过程中需要进行一些处理以确定各节点上波面 η 的空间一阶导数项。假定 c_i 和 d_i 分别代表第 i 节点上波面的空间坐标 x 和 y 的一阶

导数，其值由该节点周围单元内导数的加权平均来确定，即

$$c_i = \frac{1}{A_{Zi}^{e}} \sum_{j=1}^{N_i^e} \frac{1}{A_{ij}^{e}} \left(\frac{\partial \eta}{\partial x} \right)_{ij} \tag{2.59}$$

$$d_i = \frac{1}{A_{Zi}^{e}} \sum_{j=1}^{N_i^e} \frac{1}{A_{ij}^{e}} \left(\frac{\partial \eta}{\partial y} \right)_{ij} \tag{2.60}$$

式中：N_i^e表示节点 i 周围的单元数；A_{ij}^e 为 i 点周围第 j 个单元的面积；$A_{Zi}^e = \sum_{j=1}^{N_i^e} \frac{1}{A_{ij}^e}$ 为第 i 点周围所有单元面积倒数之和；$\left(\frac{\partial \eta}{\partial x} \right)_{ij}$ 和 $\left(\frac{\partial \eta}{\partial y} \right)_{ij}$ 分别为 i 节点相关的第 j 个单元内求得的 i 节点上波面 η 的一阶空间坐标 x 和 y 的导数。

2.3 时间积分的预报-校正法

模型中时间积分采用 Adams-Bashforth-Moulton 预报-校正法。整理式(2.34)～式(2.36)所对应的有限元方程可统一表达为如下形式的方程：

$$[M]\{f\} = \{E\} \tag{2.61}$$

式中：$f=\eta$、p 或 q；$[M]$为总体质量阵；$\{E\}$为以 η、u、v、c 和 d 为变量的向量。时间 t 离散为 $n\Delta t$，预报步采用四阶显式 Adams－Bashforth 法可得：

$$[M]\{\widetilde{f}\}^{n+1} = [M]\{f\}^n + \frac{\Delta t}{24}[55\{E\}^n - 59\{E\}^{n-1} + 37\{E\}^{n-2} - 9\{E\}^{n-3}] \tag{2.62}$$

式中：顶标“～”表示为预报值。

在$(n+1)$步的预报值 $\{\widetilde{\eta}\}$、$\{\widetilde{p}\}$ 、$\{\widetilde{q}\}$ 、$\{\widetilde{u}\}$ 和 $\{\widetilde{v}\}$ 求得后，即可算得向量 $\{\widetilde{E}\}$ 。校正步采用四阶 Adams-Moulton 法，即

$$[M]\{f\}^{n+1} = [M]\{f\}^n + \frac{\Delta t}{24}[9\{\widetilde{E}\}^{n+1} + 19\{E\}^n - 5\{E\}^{n-1} + \{E\}^{n-2}] \tag{2.63}$$

波面 $\{\eta\}^{n+1}$ 可以直接求得，$\{u\}^{n+1}$ 和 $\{v\}^{n+1}$ 通过校正值 $\{p\}^{n+1}$ 和 $\{q\}^{n+1}$ 由式(2.37)、式(2.38)形成的方程组迭代求解[49-50]。

可见，由前面时间步的变量值可以求得右端项，问题可以归结为求如下常规

线性方程组：

$$[M]\{x\} = \{F\} \tag{2.64}$$

式中：$\{x\}$表示欲求的未知向量 $\{\tilde{f}\}$；$\{F\}$为方程右端项求得的向量。式(2.64)采用如下迭代方法求解，即

$$[\tilde{M}]\{x\}^{l+1} = ([\tilde{M}] - [M])\{x\}^{l} + \{F\} \tag{2.65}$$

式中：l 为迭代次数；$[\tilde{M}]$ 为一对角矩阵，其元素为

$$\begin{aligned} \tilde{m}_{ki} &= 0 \qquad (k \neq i) \\ \tilde{m}_{kk} &= \alpha m_{kk} \\ \alpha &= \Big[\sum_{k=1}^{ND}\sum_{i=1}^{ND} m_{ki}\Big] \div \Big[\sum_{k=1}^{ND} m_{kk}\Big] \end{aligned} \tag{2.66}$$

式中：ND 为节点总数，当相邻两步迭代误差为 $\max[x_k^{l+1} - x_k^{l}] \leqslant 0.001$ 时迭代结束。$(n+1)$时间步的波面预报值 $\{\tilde{\eta}\}^{n+1}$ 可以由式(2.34)直接求得。

方程的求解过程中只用到乘法运算，从而编程时采用索引存储法，只存储上述方程中二维矩阵的非零元素，可以大大节省计算机的内存。同时为了使计算稳定，需要满足 CFL 条件[48]：

$$c_w \frac{\Delta t}{\Delta l_{\min}} \leqslant 1 \tag{2.67}$$

式中：c_w为波浪代表速度，不规则波浪可以取谱峰频率的波速；Δt 为时间步长；$\Delta l_{\min}$为最小单元的代表尺度，取为三角形单元最小边长。根据计算经验，每个波长内的节点数应大于 10 个。

2.4 边界条件

2.4.1 全反射边界条件

全反射直墙边界上的法向速度应为 0，即

$$un_x + vn_y = 0 \quad \text{或} \quad \boldsymbol{u} \cdot \boldsymbol{n} = 0 \tag{2.68}$$

式中：$\boldsymbol{n} = (n_x, n_y)$为边界外法向单位矢量。对于与 x 轴平行的边界，应满足 $v=$

0,同理,对于与 y 轴平行的边界,应满足 $u=0$,在上述有限元方程中可以得到相应处理。然而相对于坐标轴斜交的全反射边界,不能简单确定该处 u 和 v 值。但该位置法向速度仍为 0,只需求解该处切向速度,因此在全反射边界点,将现有边界点方程做一转换[50, 87],使得 (x,y) 坐标转为相应边界处的法向和切向 $(\boldsymbol{n},\boldsymbol{T})$ 坐标系,从而在边界点处通过求解其切向动量方程来确定相应的 u、v 值。其中 $\boldsymbol{n}=(n_x,n_y)$ 为法向向量,$\boldsymbol{T}=(T_x,T_y)$ 为切向向量。在边界交点处,法向向量可按下式确定[50],即

$$\boldsymbol{n}=\frac{\boldsymbol{n}_1+\boldsymbol{n}_2}{\|\boldsymbol{n}_1+\boldsymbol{n}_2\|} \tag{2.69}$$

式中:$\boldsymbol{n}_1$ 和 $\boldsymbol{n}_2$ 分别为两相交边界各自法向向量。因此边界点处切向动量方程可写为

$$\begin{aligned}&T_x\left(u+\beta_1\frac{h}{2}\frac{\partial}{\partial x}\left[\frac{\partial(hu)}{\partial x}+\frac{\partial(hv)}{\partial y}\right]+\beta_1\frac{h^2}{6}\frac{\partial}{\partial x}\left[\frac{\partial u}{\partial x}+\frac{\partial v}{\partial y}\right]\right)\\&+T_y\left(v+\beta_1\frac{h}{2}\frac{\partial}{\partial y}\left[\frac{\partial(hu)}{\partial x}+\frac{\partial(hv)}{\partial y}\right]+\beta_1\frac{h^2}{6}\frac{\partial}{\partial y}\left[\frac{\partial u}{\partial x}+\frac{\partial v}{\partial y}\right]\right)=T_xp+T_yq\end{aligned} \tag{2.70}$$

显然,边界处的速度满足式(2.68)的条件,且若已求得 u(或 v)则可确定 v(或 u)。为了避免 T_x、T_y 值太小而作为分母,定义边界点外法线与 x 轴正向的夹角为 θ,将边界进行如下划分处理。

当 $\left(\frac{\pi}{4}<\theta\leqslant\frac{3\pi}{4}\right)$ 或者 $\left(\frac{5\pi}{4}<\theta\leqslant\frac{7\pi}{4}\right)$ 时,边界与 x 轴接近。例如当 $\theta=\pi/2$ 时则意味着该点处边界与 x 轴平行,该点处 v 值可由式(2.68)直接确定为 0,因此对该类边界处的 u 和 v 值可分别由式(2.71)、式(2.72)确定,其中式(2.71)的求解与式(2.37)的求解类似。

$$\begin{aligned}&\iint_\Omega\left\{\left(W+\frac{\beta_1}{2}W\frac{\partial h}{\partial x}\frac{\partial h}{\partial x}+\frac{\beta_1}{2}h\frac{\partial W}{\partial x}\frac{\partial h}{\partial x}+\frac{\beta_1}{6}Wh\frac{\partial h}{\partial x}\frac{\partial}{\partial x}+\frac{\beta_1}{3}h^2\frac{\partial W}{\partial x}\frac{\partial}{\partial x}\right)\right.\\&\left.+\frac{T_y}{T_x}\left(\frac{\beta_1}{2}W\frac{\partial h}{\partial y}\frac{\partial h}{\partial x}+\frac{\beta_1}{2}h\frac{\partial W}{\partial y}\frac{\partial h}{\partial x}+\frac{\beta_1}{6}Wh\frac{\partial h}{\partial y}\frac{\partial}{\partial x}+\frac{\beta_1}{3}h^2\frac{\partial W}{\partial y}\frac{\partial}{\partial x}\right)\right\}u\mathrm{d}\Omega\\&=-\iint_\Omega\left\{\frac{\beta_1}{2}W\frac{\partial h}{\partial x}\frac{\partial h}{\partial y}+\frac{\beta_1}{2}h\frac{\partial W}{\partial x}\frac{\partial h}{\partial y}+\frac{\beta_1}{6}Wh\frac{\partial h}{\partial x}\frac{\partial}{\partial y}+\frac{\beta_1}{3}h^2\frac{\partial W}{\partial x}\frac{\partial}{\partial y}\right.\\&\left.+\frac{T_y}{T_x}\left(W+\frac{\beta_1}{2}W\frac{\partial h}{\partial v}\frac{\partial h}{\partial v}+\frac{\beta_1}{2}h\frac{\partial W}{\partial y}\frac{\partial h}{\partial y}+\frac{\beta_1}{6}Wh\frac{\partial h}{\partial y}\frac{\partial}{\partial y}+\frac{\beta_1}{3}h^2\frac{\partial W}{\partial y}\frac{\partial}{\partial y}\right)\right\}v\mathrm{d}\Omega\\&+\iint_\Omega pWd\Omega+\frac{T_y}{T_x}\iint_\Omega qW\mathrm{d}\Omega\end{aligned} \tag{2.71}$$

$$v = -\frac{1}{n_y}(n_x u) \tag{2.72}$$

当 $\left(-\frac{\pi}{4} < \theta \leqslant \frac{\pi}{4}\right)$ 或者 $\left(\frac{3\pi}{4} < \theta \leqslant \frac{5\pi}{4}\right)$ 时，边界与 y 轴接近。例如当 $\theta=0$ 时则意味着该点处边界与 y 轴平行，该点处 u 值可由式(2.68)直接确定为 0，因此对该类边界处的 v 和 u 值可由式(2.73)、式(2.74)确定，其中式(2.74)的求解与式(2.38)的求解类似。

$$\begin{aligned}
&\iint_{\Omega}\Big\{\Big(W+\frac{\beta_1}{2}W\frac{\partial h}{\partial v}\frac{\partial h}{\partial v}+\frac{\beta_1}{2}h\frac{\partial W}{\partial y}\frac{\partial h}{\partial y}+\frac{\beta_1}{6}Wh\frac{\partial h}{\partial y}\frac{\partial}{\partial y}+\frac{\beta_1}{3}h^2\frac{\partial W}{\partial y}\frac{\partial}{\partial y}\Big)\\
&+\frac{T_x}{T_y}\Big(\frac{\beta_1}{2}W\frac{\partial h}{\partial x}\frac{\partial h}{\partial y}+\frac{\beta_1}{2}h\frac{\partial W}{\partial x}\frac{\partial h}{\partial y}+\frac{\beta_1}{6}Wh\frac{\partial h}{\partial x}\frac{\partial}{\partial y}+\frac{\beta_1}{3}h^2\frac{\partial W}{\partial x}\frac{\partial}{\partial y}\Big)\Big\}v\mathrm{d}\Omega\\
&=-\iint_{\Omega}\Big\{\Big(\frac{\beta_1}{2}W\frac{\partial h}{\partial y}\frac{\partial h}{\partial x}+\frac{\beta_1}{2}h\frac{\partial W}{\partial y}\frac{\partial h}{\partial x}+\frac{\beta_1}{6}Wh\frac{\partial h}{\partial y}\frac{\partial}{\partial x}+\frac{\beta_1}{3}h^2\frac{\partial W}{\partial y}\frac{\partial}{\partial x}\Big)\\
&+\frac{T_x}{T_y}\Big(W+\frac{\beta_1}{2}W\frac{\partial h}{\partial x}\frac{\partial h}{\partial x}+\frac{\beta_1}{2}h\frac{\partial W}{\partial x}\frac{\partial h}{\partial x}+\frac{\beta_1}{6}Wh\frac{\partial h}{\partial x}\frac{\partial}{\partial x}+\frac{\beta_1}{3}h^2\frac{\partial W}{\partial x}\frac{\partial}{\partial x}\Big)\Big\}u\mathrm{d}\Omega\\
&+\iint_{\Omega}qW\mathrm{d}\Omega+\frac{T_x}{T_y}\iint_{\Omega}pW\mathrm{d}\Omega
\end{aligned} \tag{2.73}$$

$$u = -\frac{1}{n_x}(n_y v) \tag{2.74}$$

$\{\widetilde{u}\}^{n+1}$ 和 $\{\widetilde{v}\}^{n+1}$ 通过式(2.37)[在全反射边界处根据该边界处 θ 值的不同分别采用式(2.71)或者式(2.72)]、式(2.38)[在全反射边界处根据该边界处 θ 值的不同分别采用式(2.73)或者式(2.74)]迭代进行求解，初值取上一步求得的结果。迭代过程中所形成的线性方程组的系数阵为非对称阵，采用双共轭梯度法求解[88]。当满足式(2.75)时，迭代结束。

$$\Delta\widetilde{u} = \frac{\sum_i(\widetilde{u}_i - \widetilde{u}_i^*)}{\sum_i \widetilde{u}_i^2} \leqslant 0.001;\quad \Delta\widetilde{v} = \frac{\sum_i(\widetilde{v}_i - \widetilde{v}_i^*)}{\sum_i \widetilde{v}_i^2} \leqslant 0.001 \tag{2.75}$$

式中：$\widetilde{u}_i$ 和 $\widetilde{v}_i$ 为当前步的值；上标“ * ”表示上步迭代值。

2.4.2 吸收边界条件(开边界)

在实际工程计算中，有时会遇到波浪传至外海等情况，通常的数值模型将该类边界定义为开边界。为了避免在开边界处波浪反射并传回计算区域，保证计算精度，本书所用模型采用在开边界处设置海绵层的方法，使波浪传至该处过程中逐渐衰减，从而实现没有波浪从该边界处返回计算区域。本书采用 Larsen 等[89]建议的方法，在海绵层内，每一时间步后波面 η 和水平速度(u, v)要除以 $\mu(x, y)$。其中 $\mu(x, y)$由下式确定：

$$\mu(x,y)=\begin{cases}\exp[(2^{-d/\Delta d}-2^{-d_s/\Delta d})\ln\varphi] & 0\leqslant d\leqslant d_s\\ 1 & d_s<d\end{cases} \tag{2.76}$$

式中：d 表示海绵层节点至边界的距离；Δd 表示单元典型尺寸；d_s为海绵层宽度；φ 为常数，本书中取为 4。

经过海绵层的吸收，也许仍会有较少波浪传至开边界处，但是反射波从开边界处再传入计算区域之前还会再次通过海绵层，因此实际上只有很少的反射波浪能量能进入计算区域，实践表明，这部分反射波浪对计算结果影响不大，在边界前设置海绵层的方法能够达到吸收波浪的目的。

2.4.3 入射边界条件

在入射边界，给定入射波的波面 η_I，其沿水深的平均速度(u,v)可以通过下式求得：

$$\begin{aligned}u_I&=\frac{\omega}{k(h+\eta_I)}\eta_I\cos\theta\\ v_I&=\frac{\omega}{k(h+\eta_I)}\eta_I\sin\theta\end{aligned} \tag{2.77}$$

式中：θ 为波浪传播方向与 x 轴正向的夹角。

为了消除由静止到水面波动引起的高频波动，采用类似于吸收边界处理方法对入射波浪的前一两个波进行人为衰减，使波浪从零开始逐渐增大，然后传入计算区域。实践证明，该方法能有效抑制这种高频波动的产生，衰减函数可写为：

$$\mu(x,y)=\begin{cases}\exp[(2^{-t/\Delta t}-2^{-t_s/\Delta t})\ln\varphi] & 0\leqslant t\leqslant t_s\\ 1 & t_s<t\end{cases} \tag{2.78}$$

式中：Δt 为时间步长；t_s 为进行人为衰减的总历时；φ 含义及取值与式(2.76)中相同。

2.5 模型验证

2.5.1 海绵层对规则波吸收效果验证

在数值模拟计算过程中，如果有来自开边界处的反射波浪传到计算区域，将会影响计算结果，甚至有时会导致计算无法进行。为了考查本书模型中在开边界处设置海绵层的处理效果，现对规则波在水槽中传播进行了模拟。水槽长度为 15 m，宽度 0.8 m，常水深 $h=0.5$ m。计算采用 4 818 个单元，2 621 个节点。水槽左侧为造波边界，右侧为开边界，在开边界处设置 3 m 宽海绵层用以吸收波浪。图 2.2 给出了波高 H 为 0.03 m，周期 T 为 1.0 s 的规则波在几个不同时刻的计算结果，图中可见波浪经过长时间传播后，仍能基本保持稳定并能较好地符合给定波浪条件，说明本书模型可以达到较高的精度。同时可见在图右边海绵层附近区域，波浪逐渐衰减，衰减曲线较为光滑，表明模型中所用海绵层可以起到很好的吸收波浪的作用，反射进入计算区域内的反射波浪很小，对计算结果影响比较微小。

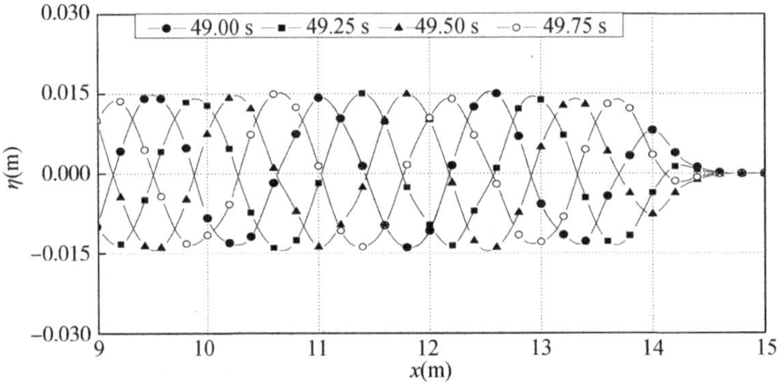

图 2.2 规则波(H=0.03 m,T=1.0 s)

2.5.2 孤立波的传播计算

对于孤立波，入射波面 η 取为：

$$\eta = H\mathrm{sech}^2\left[\sqrt{\frac{3H}{4h^3}}(x-ct)\right] \tag{2.79}$$

式中：$c=\sqrt{g(h+H)}$ 为孤立波的传播速度，H 为孤立波的高度，h 为水深。图 2.3 为孤立波传播不同时刻的情况，可见海绵层对孤立波也有很好的吸收效果。图 2.4 为孤立波传播过程中 3.0 s、4.5 s 时刻数值结果和理论结果比较，可见数值结果与理论结果吻合良好，并且由 4.5 s 时波面的比较情况可知，海绵层可以较好地吸收波浪，且对波浪形状几乎没有影响。上述结果表明，模型中所用海绵层可以起到很好的吸收波浪的作用，进入计算区域内反射波浪很小，对计算结果影响不大。

为了检验计算模型的稳定性和守恒性，本节对孤立波在平底水槽中的长距离传播进行了模拟。数值波浪水槽的长度方向为 200 m，计算采用 36 002 个单元，20 010 个节点，常水深取为 h=0.45 m，入射波高为 0.015 m。图 2.5 给出了不同时刻数值和理论结果的对比情况，可见符合情况很好。说明本书采用三角形单元所建立的数值计算模型稳定性和守恒性较好，可以适用于长时间波浪传播的计算模拟，精度也能满足要求。

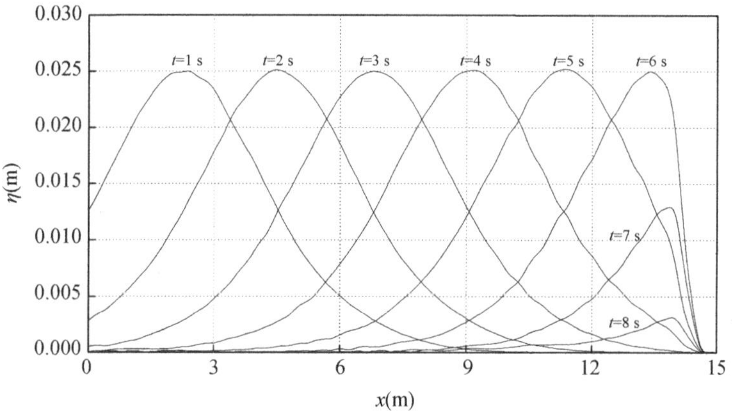

图 2.3　孤立波(H=0.025 m)

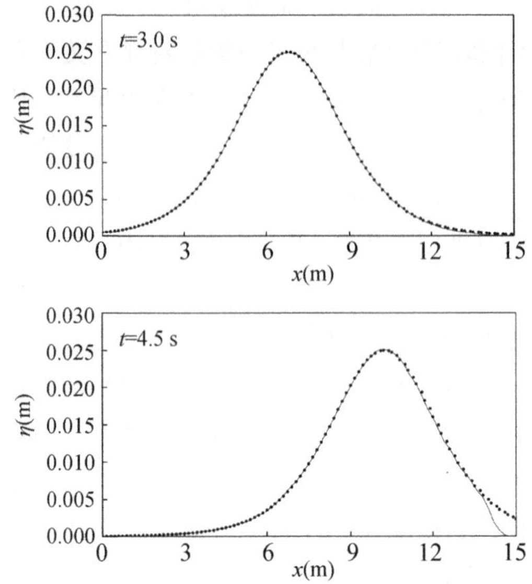

图 2.4　3.0 s 和 4.5 s 时孤立波曲线

（——数值结果，……理论结果）

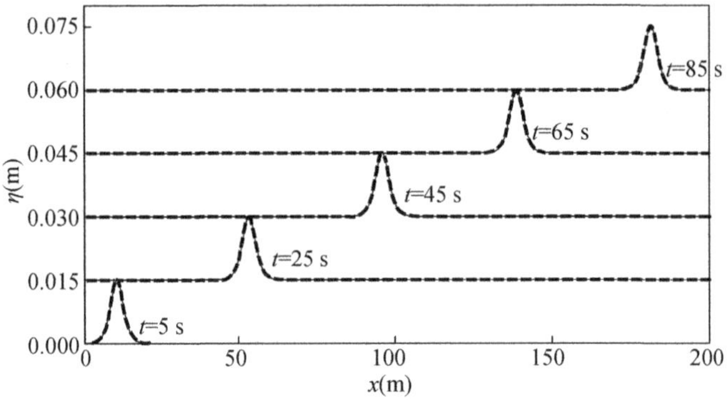

图 2.5　不同时刻孤立波波面曲线

（——数值结果，……理论结果）

2.5.3　封闭方形水池中的水面晃动

对不规则边界的处理是本次模型建立的一个主要考虑因素，为了验证模型全反射边界的处理情况，对封闭方形水池中液体晃动情况进行了模拟。数值水池为正方形，尺寸为 7.5 m(L_x)×7.5 m(L_y)，水深 h=0.45 m。水池四边为全反射直墙且与 x、y 轴平行，坐标原点位于水池左下角。为了验证模型对相对于坐标轴的斜向边界的适用性，保持坐标轴不变，分别将计算区域绕原点逆时针转动 0°(case1),30°(case2),60°(case3),并对 3 种形状水池内液体晃动情况进行了计算,计算分别采用 12 612、22 510 和 22 510 个单元,初始波面取 $\eta_0(x,y)$ 为高斯(Gaussian)形,即

$$\eta_0(x',y') = H_0 \exp\{-2[(x'-a)^2+(y'-b)^2]\} \tag{2.80}$$

式中:$x'=x\cos\theta-y\sin\theta$;$y'=x\sin\theta+y\cos\theta$;$a=3.75\cos\theta-3.75\sin\theta$;$b=3.75\sin\theta+3.75\cos\theta$,$\theta$ 为计算区域绕原点逆时针旋转角度;H_0 分别取为 0.045 m 和 0.45 m。

图 2.6 和图 2.7 分别给出了 $H_0=0.045$ m 和 $H_0=0.45$ m 两种情况在水池角点处和中心点处模拟计算结果和线性理论结果比较情况。对于 $H_0=0.045$ m 的情况,由于初始水面高度较小,其非线性较弱,数值结果与线性理论结果吻合较好,说明采用三角形网格后计算模型精度同样能满足要求。由图2.7可以看出,$H_0=0.45$ m 时,其非线性影响较大,线性理论计算的结果和本书数值模拟结果有较大差别。由于受非线性影响,波峰变尖变窄,波谷有趋于变平坦的趋势,同时波动的相位也存在一定差别,这与 Wei 等[34]用差分方法及柳淑学等[48]用四边形单元有限元求解的结果是一致的。图 2.8 同时给出了 $H_0=0.045$ m和 $H_0=0.45$ m 时水池不同转动角度在 $t=20$ s 时的波面分布,从图 2.6～图 2.8 结果可见,3 种不同角度情况模拟结果基本一致,说明本书模型对于与坐标斜交的反射边界处理是有效的。

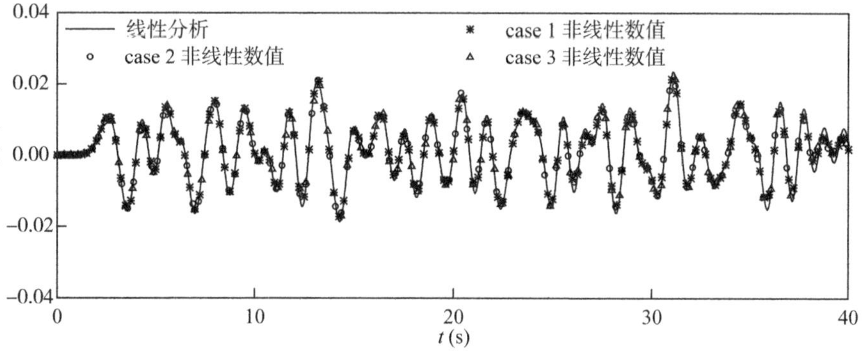

(a) 角点结果比较

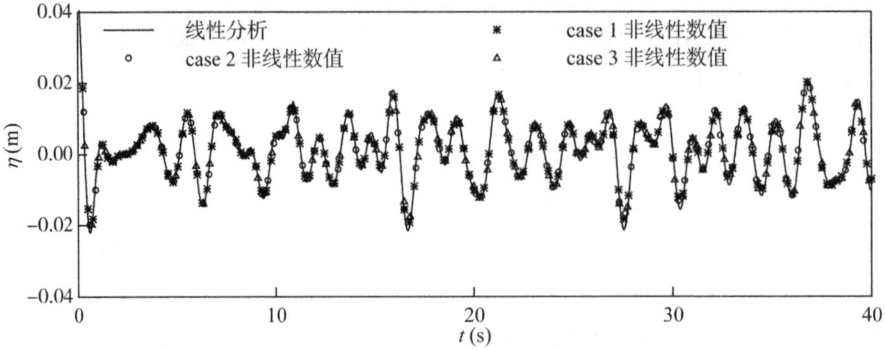

(b) 中心点结果比较

图 2.6　H_0=0.045 m 时波面时间过程与线性理论计算结果的比较

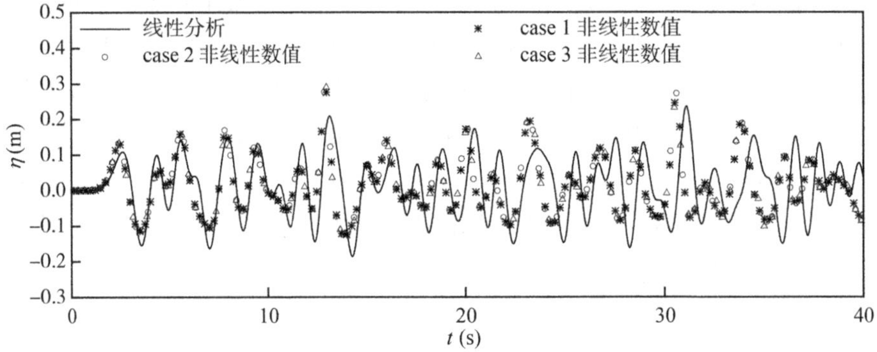

(a) 角点结果比较

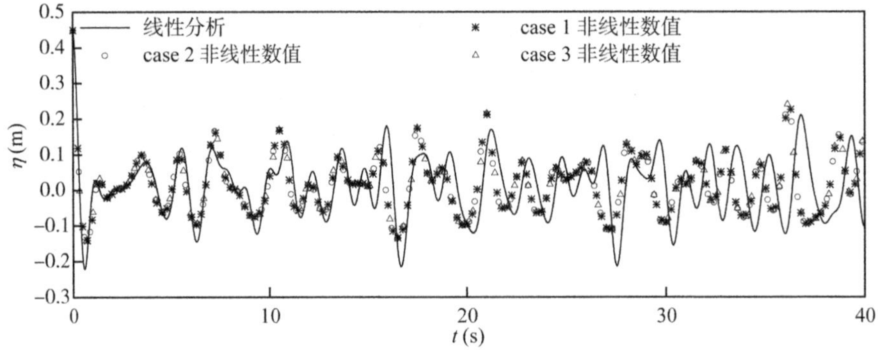

(b) 中心点结果比较

图 2.7　H_0=0.45 m 时波面时间过程与线性理论计算结果的比较

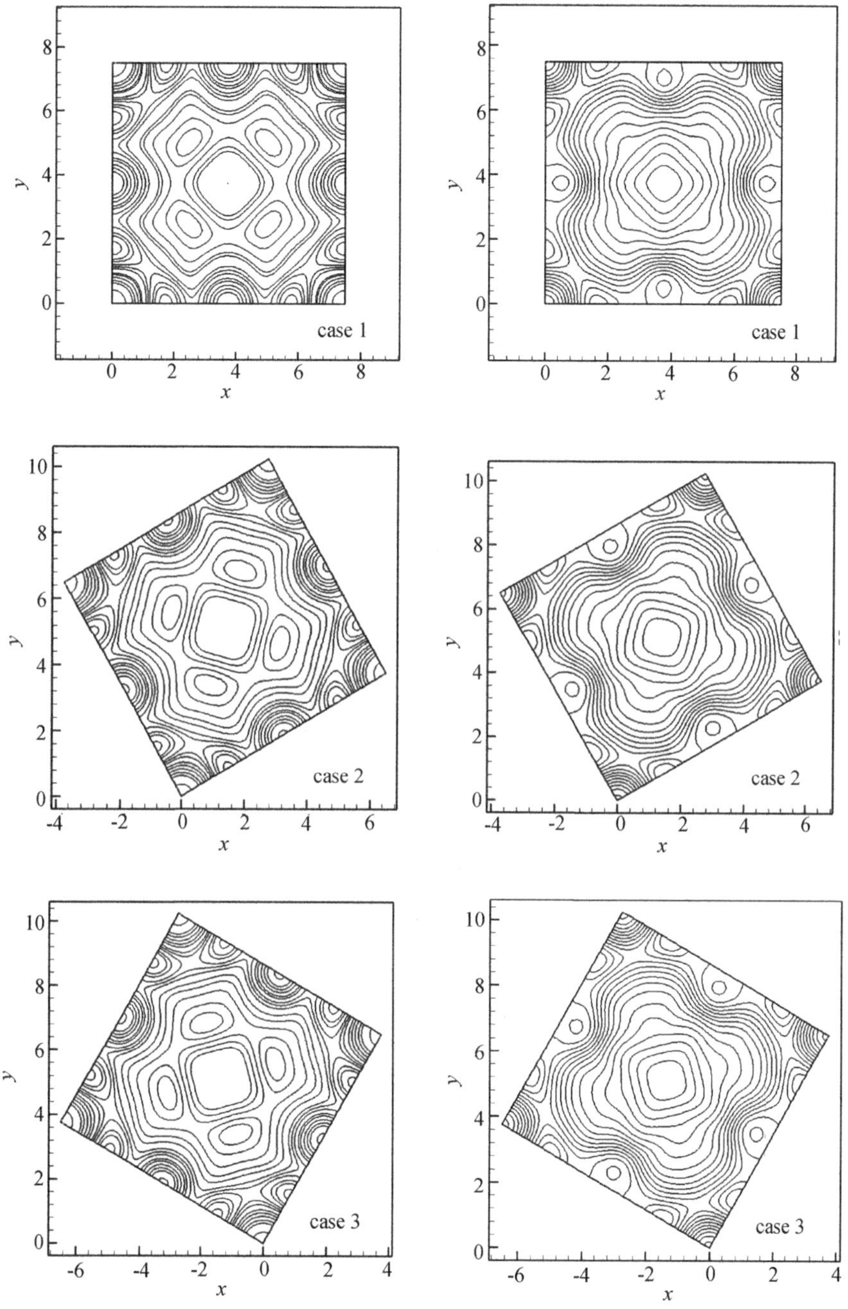

(a) $H_0=0.045$ m　　　　(b) $H_0=0.45$ m

图 2.8　不同转动角度在 $t=20$ s 时的波面分布

2.5.4 椭圆形浅滩上波浪折绕射计算

为了检验本书模型对波浪绕射折射模拟情况，对 Berkhoff 等[90]所做的椭圆形浅滩上的波浪折射、绕射物理模型试验进行了数值模拟。计算区域长度为 24 m，宽度为 20 m，坐标原点取在椭圆形浅滩的中心，区域内的水深满足下式：

$$h = h_s = \begin{cases} 0.45 & x' < -5.82 \\ 0.45 - 0.02(5.82 + x') & x' > -5.82 \end{cases} \tag{2.81}$$

浅滩边界为 $(x'/3)^2 + (y'/4)^2 = 1$，浅滩上水深满足下式：

$$h = h_s - 0.5[1 - (x'/3.75)^2 - (y'/5)^2] + 0.3 \tag{2.82}$$

式中：$x' = x\cos 20° + y\sin 20°$；$y' = -x\sin 20° + y\cos 20°$。地形分布如图 2.9 所示。

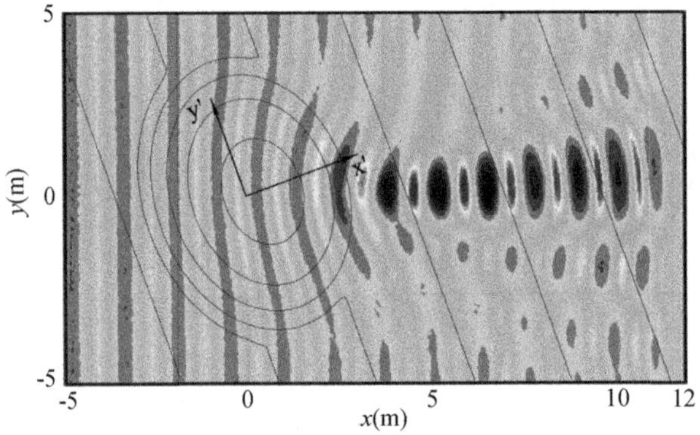

图 2.9　地形水深等值线及 t=30 s 波面轮廓图

模拟波浪入射波高为 H_0=0.464 m，周期 T=1 s，沿 x 轴正向入射。上下两边界（y=－10 m 和 y=10 m）为全反射边界，海绵层位于右侧边界，宽度为 2 m。计算采用 89 894 个三角形单元，45 348 个节点。图 2.9 同时给出了 t=30 s 时刻区域内波面分布情况，可见波浪折射现象比较明显，模型可以较好地描述波浪传播运动。图 2.10 为不同断面数值结果、试验结果、Woo 和 Liu 数值计算结果的比较，从图中可以看出，两种数值计算结果基本一致，其差别可能是由二者所采用的控制方程不同引起的；同时数值计算结果与试验结果符合较好，说明本书所用三角形单元有限元模型可以较好地模拟波浪的折射传播运动。

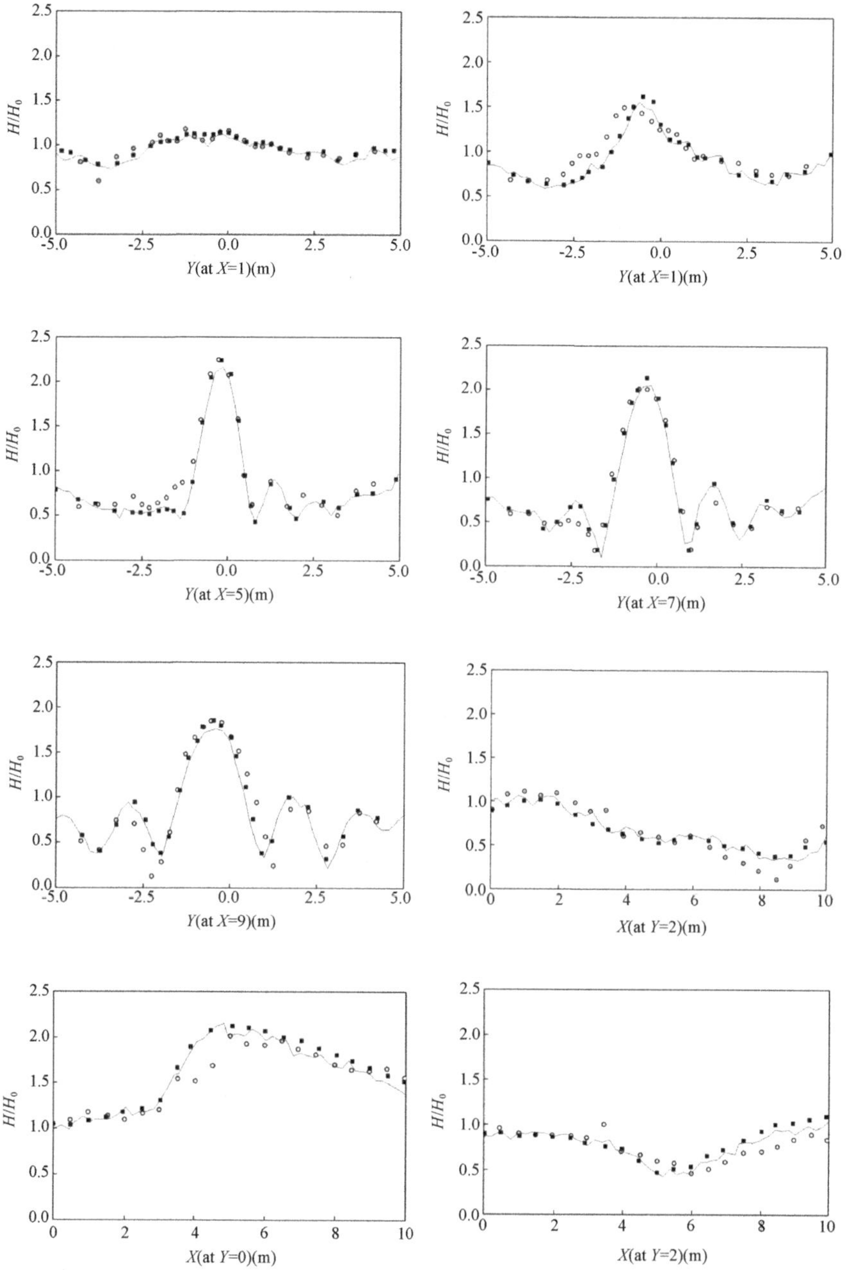

图 2.10 椭圆形浅滩上各断面波高比较

(——数值结果,○○○○○○试验结果,■■■■■■ Woo 和 Liu 数值计算结果)

2.5.5 透镜地形上的波浪传播模拟

改进的 Boussinesq 方程往往能够模拟具有较强非线性和色散性的波浪，为了验证模型对非线性波浪的模拟，现对透镜地形上的波浪集中情况进行了模拟并与试验结果进行了对比。Whalin[91] 在使波浪集中的地形上进行了一系列物理模型试验，对波浪由于折射及浅化作用所产生的谐波分量进行了观测和分析，试验结果被广泛用来验证数值模型的精度。试验水槽尺寸为 6.096 m×25.6 m，试验水深满足下式：

$$h(x,y)=\begin{cases}0.4572 & 0\leqslant x<10.67-G\\ 0.4572+(10.67-G-x)/25 & 10.67-G\leqslant x<18.29-G\\ 0.1542 & 18.29\leqslant x\leqslant 28\end{cases}\tag{2.83}$$

式中：$G(y)=[y(6.096-y)]^{1/2}, 0\leqslant y\leqslant 6.096$ 。

本书进行模拟的数值水槽如图 2.11 所示，计算区域 6.096 m×28 m，海绵层位于水槽右侧，宽度为 3 m。模拟波浪要素分别为：

(1) 波高 $H_0=0.039$ m，周期 $T=1.0$ s；

(2) 波高 $H_0=0.015$ m，周期 $T=2.0$ s；

(3) 波高 $H_0=0.0136$ m，周期 $T=3.0$ s。

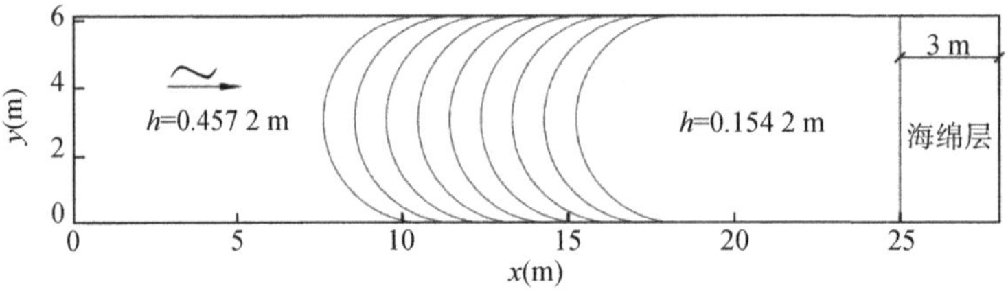

图 2.11 试验水槽及水深分布图

图 2.12 为相应水槽中线上各阶谐波分量数值模拟结果和 Whalin 试验结果以及 Beji 和 Nadaoka 的数值结果的比较，图中纵坐标为无因次化波高(H/H_0)，其中 H 为分析各谐波分量的波高。由图 2.12 中结果可见，本书数值模拟结果与其他两种结果吻合较好，说明本书所用数值计算模型可以较好地模拟非线性波浪传播。同时，从结果我们可以看到，数值方法高估了一阶谐波分量而低估了二阶和三阶分量，这与 Liu 等[92] 于 1985 年得到的结果一致。图 2.13 为 3 种波浪在 $t=30$ s 时刻的波面情况。

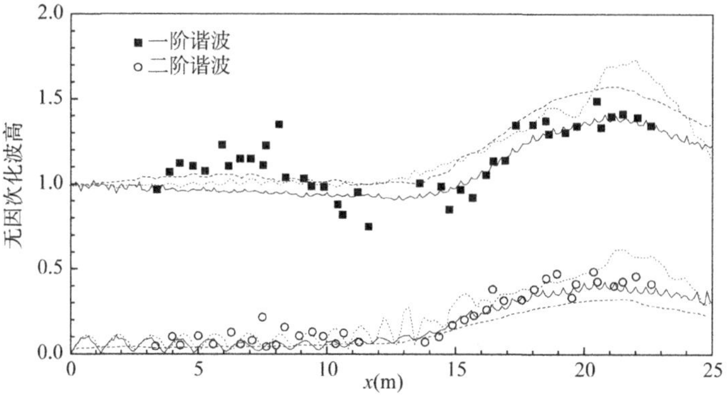

(a) H_0=0.039 m，T=1.0 s

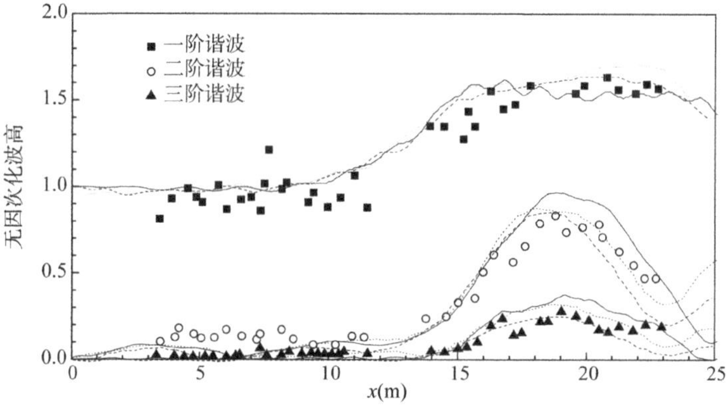

(b) H_0=0.015 m，T=2.0 s

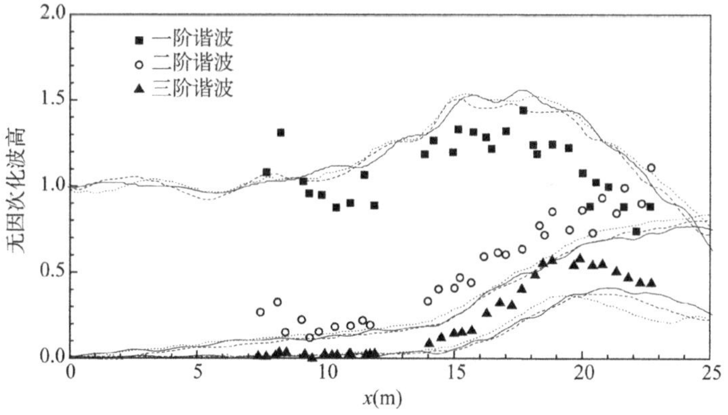

(c) H_0=0.013 6 m，T=3.0 s

图 2.12 各谐波分量试验结果与数值结果比较

(——本书数值结果，……Beji and Nadaoka 数值结果，------Liu 等数值结果，散点：试验结果)

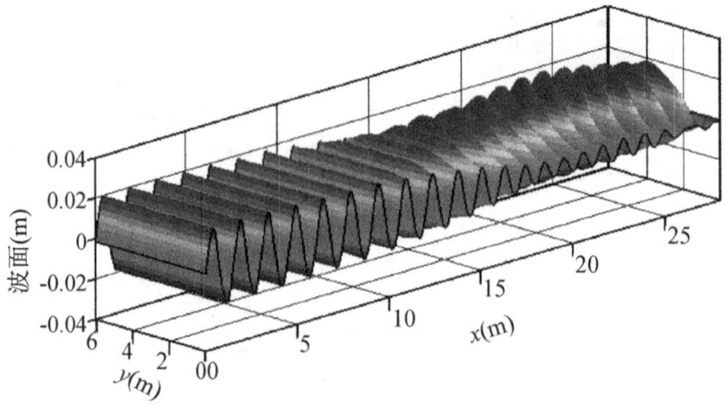

(a) H_0=0.039 m，T=1.0 s

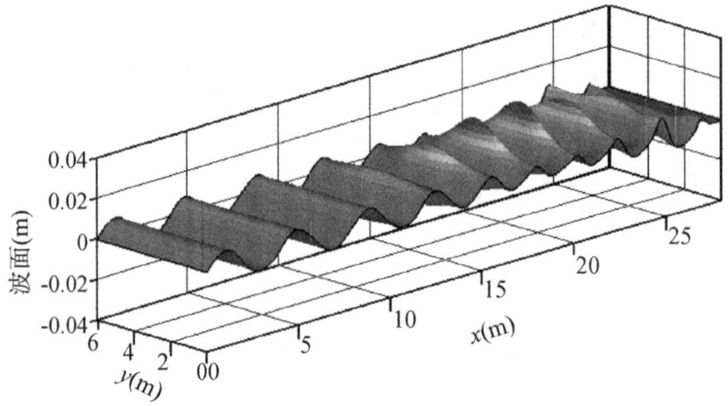

(b) H_0=0.015 m，T=2.0 s

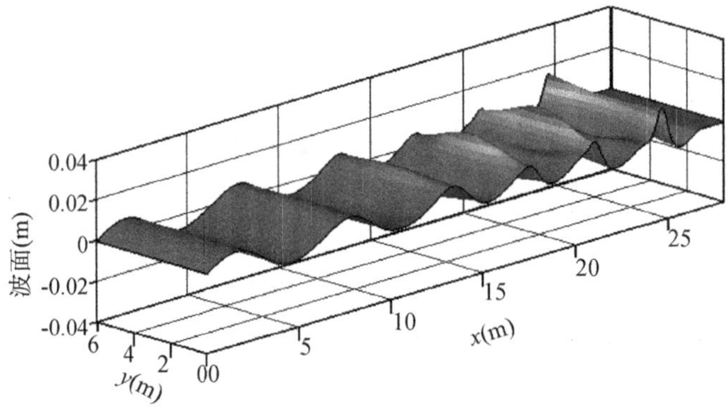

(c) H_0=0.013 6 m，T=3.0 s

图 2.13　透镜地形上的波浪传播 t=30 s 时刻瞬时波面

2.5.6 孤立波与独立圆柱作用

作为海岸和近海工程的常见结构，圆柱结构有着极其广泛的应用，为了验证本书模型对波浪与圆柱结构相互作用的模拟效果，现对 Yates 等[93]在 1994 年所做孤立波与圆柱作用试验进行了模型试验以及数值模拟，Zhao 等[52]于 2007 年，Zhong 等[54]于 2009 年也分别对该试验进行了数值模拟以验证他们的数值模型的有效性。试验所用水槽长度为 7.6 m，宽度为 0.7 m，水深取为 0.04 m，所用圆柱直径为 0.063 5 m，将其置于水槽中心，本节中将圆柱圆心设为坐标原点。试验所用 1～8 号浪高仪的布置如图 2.14 所示，浪高仪所在位置坐标列于表2.1中。θ_s 为圆柱迎浪面沿逆时针方向所定义的角度。

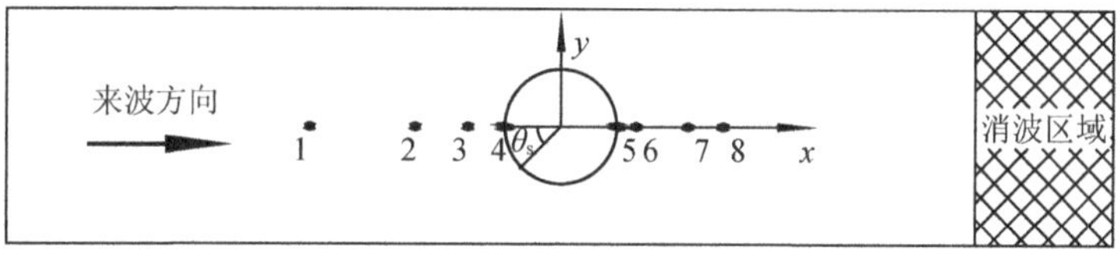

图 2.14　浪高仪布置简图

表 2.1　1～8 号浪高仪坐标

点号	位置坐标	点号	位置坐标
1	(−0.285 8,0.0)	5	(0.185 4,0.0)
2	(−0.165 7,0.0)	6	(0.145 4,0.0)
3	(−0.105 4,0.0)	7	(0.085 7,0.0)
4	(−0.065 4,0.0)	8	(0.065 4,0.0)

图 2.15 和图 2.16 分别给出了 1～8 号测点处数值模拟的波面时间序列与其他方法所得结果的比较，从图中可以看出，4 种结果总体是一致的。对于距离圆柱较远的各点，数值模拟的结果与试验结果符合很好，但是在距离圆柱较近的 4、5 号点处，试验值较数值结果小。对于 1 号测点，本书结果和 Yates 等的结果与试验值更为接近，但是 Zhao 等的结果与试验值误差较大；对于 5、6 号测点，Yates 等结果峰值过后波动较大，总体来讲本书模型结果和试验结果更为接近。本算例表明本书所建立非结构有限元模型可以比较好地模拟波浪对圆柱结构的相互作用。

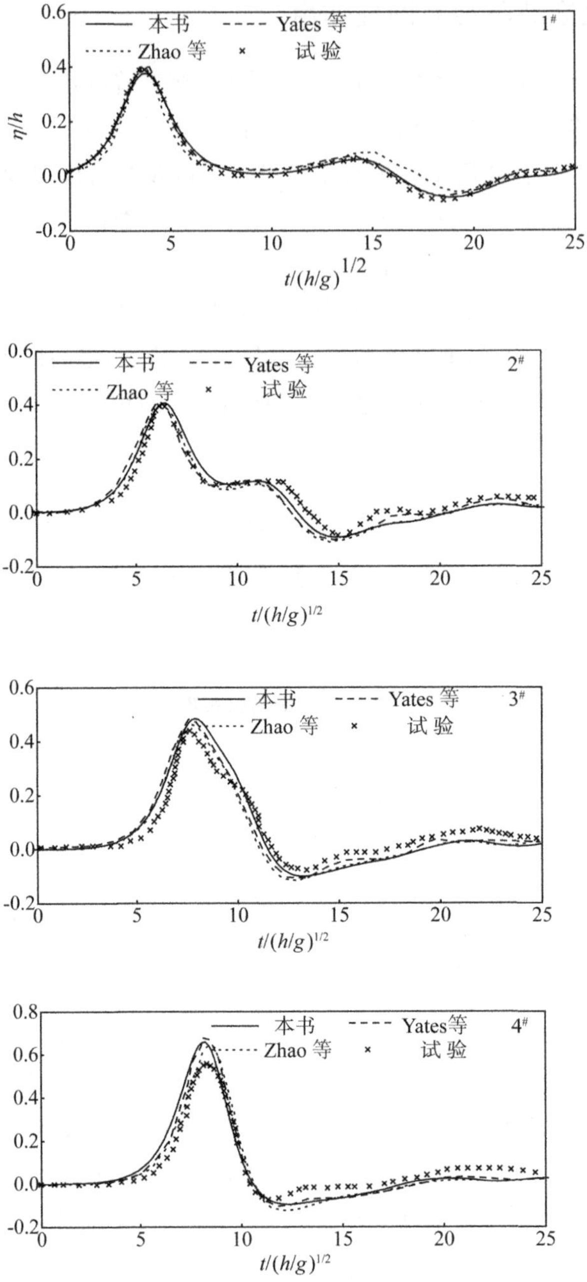

图 2.15　沿 $\theta_s=0°$线上波面时间序列

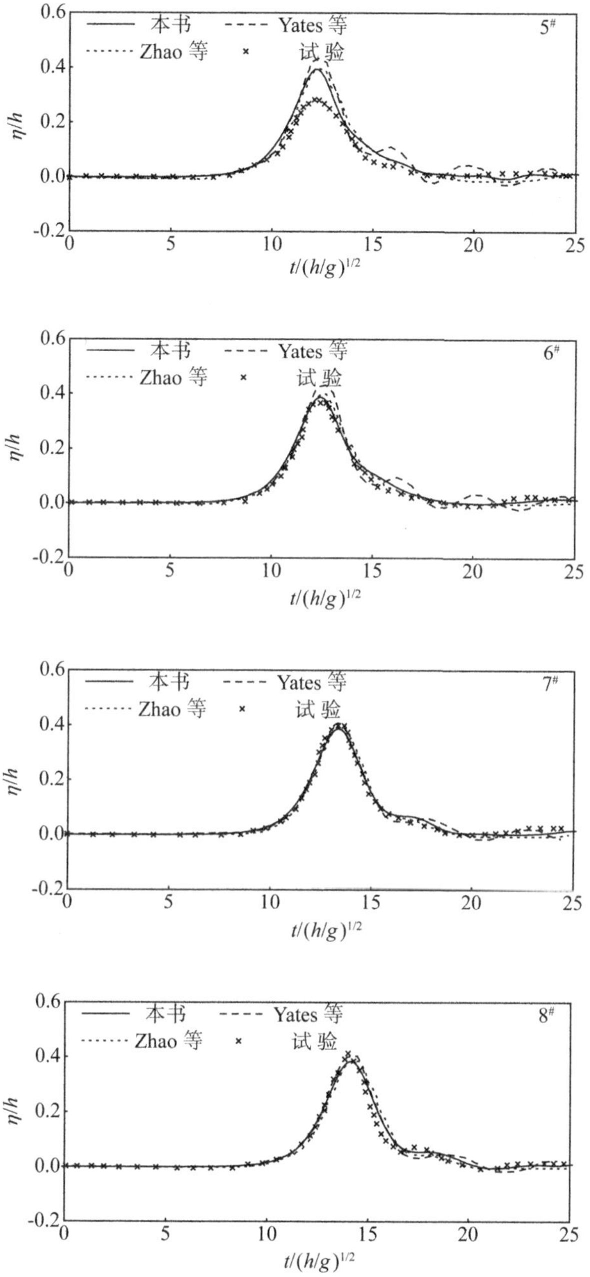

图 2.16 沿 θ_s＝180°线上波面时间序列

2.6 小结

本节基于 Beji 和 Nadaoka 提出改进的 Boussinesq 方程，建立了求解波浪传播的非结构网格有限元计算模型，该模型明显具有以下特点：

(1) 数值计算模型采用三角形网格的有限元求解方法，适应于复杂边界区域的波浪传播运算。

(2) 节点上变量的空间一阶导数采用节点周围单元内变量的一阶导数的加权平均来确定，从而使模型可以采用线性单元，求解方程中的三阶空间导数项。

(3) 求解方程采用迭代法，计算只涉及矩阵相乘，因此在编程中采用索引存储法，只存储二维矩阵中的非零元素，可大量节省计算机的内存，使得模型能够模拟较大区域的波浪传播。

(4) 数值模型对全反射边界进行了有效处理，尤其对于与坐标轴斜交的边界，采用坐标转换的方法，建立了边界切向方程，使得在该类边界点处只需要求解切向的动量方程，就能较精确地计算边界处波浪的沿水深平均速度(u,v)值。

(5) 典型算例验证了模型对于开边界、全反射边界的准确模拟，也考查了模型的稳定性以及对非线性波浪的模拟精度情况。结果表明，本书所建立的数值计算模型，对于复杂边界具有很好的适应性，并可以很好地模拟非线性波浪的传播运动。

3

基于域内造波无反射入射边界

3.1 域内造波模型建立

在试验和数值模拟过程中，由于各种条件的限制导致计算或者试验区域都局限在一定范围内，这样便面临被结构物反射回来的波浪传回至造波位置处发生二次或者多次反射的情况，最终导致物理模型试验或者数值模拟结果产生误差甚至发生错误。在各种数值模型中，通常可采用在域内产生波浪并且在边界处进行吸收的方法来解决波浪的二次反射问题。Larsen 等[89]基于 Peregrine 得到的 Boussinesq 方程建立了域内造波模型。Wei[94]等基于 Nwogu[9]在 1993 年给出的改进 Boussinesq 方程的基础上，推导出能产生期望波浪的源项，并加入质量守恒方程，使得模型可以在计算域中产生波浪。Lee[95]等将 Wei 所得源项引入缓坡方程中用以研究随机波浪的传播变化，取得了满意的结果。Woo 等[51]在其有限元模型中引入该源项用来产生所需波浪，对港湾振荡现象进行了数值模拟，也取得了较好的效果。

采用和 Wei 等相似的方法，Liu 等[96-97]得到适用于 Beji 和 Nadaoka 1996 年得到的改进 Boussinesq 方程的源项，并加入动量守恒方程中得到了域内造波方法。含有压力项的方程为：

$$\eta_t + \nabla \cdot [(h+\eta)\boldsymbol{u}] = 0 \tag{3.1}$$

$$\boldsymbol{u}_t + (\boldsymbol{u}\cdot\nabla)\boldsymbol{u} + g\nabla\eta = (1+\beta)\frac{\partial}{\partial t}\left\{\frac{1}{2}h\nabla[\nabla\cdot(h\boldsymbol{u}_t)] - \frac{h^2}{6}\nabla(\nabla\cdot\boldsymbol{u}_t)\right\} + \beta g\left\{\frac{1}{2}h\nabla[\nabla\cdot(h\nabla\eta)] - \frac{h^2}{6}\nabla(\nabla^2\eta)\right\} - g\nabla F(x,y,t) \tag{3.2}$$

压力项可以表示为：

$$F(x,y,t)=\frac{D(\omega,\theta)}{\omega}\exp[-\sigma(x-x_s)^2]\sin(kx\cos\theta+ky\sin\theta-\omega t) \quad (3.3)$$

式中：ω 为波浪频率；k 为波数；σ 是与源宽相关的函数；x_s 是源中心所在的横坐标；θ 是波浪传播方向与 x 轴正向的夹角；$D(\omega,\theta)$ 为与波浪频率和传播方向有关的函数，由下式表示：

$$D(\omega,\theta)=\frac{2\omega\eta_0}{gI_1k^3h}\left[\omega^2-\frac{\beta gk^4h^3}{3}\right] \quad (3.4)$$

$$I_1=\sqrt{\frac{\pi}{\sigma}}\exp\left(-\frac{k^2\cos^2\theta}{4\sigma}\right) \quad (3.5)$$

$$\sigma=\frac{80}{\delta^2L^2} \quad (3.6)$$

式中：η_0 为波幅；L 为波长；g 和 β 的含义与式(2.14)中相同；δ 为常数项，取值范围为 0.3～0.5，使源宽度为 0.15～0.25 个波长[94]。

式(3.3)中的第二项 $\exp[-\sigma(x-x_s)^2]$ 使得产生波浪的源是一个较小的区域而不是一条线，典型示例如图 3.1 所示，从而使该源能在诸如三角形网格等非结构化网格的计算区域中产生所需波浪。同时，从计算区域反射的波浪通过造波线后的海绵层可以得到很好的吸收，避免二次反射。

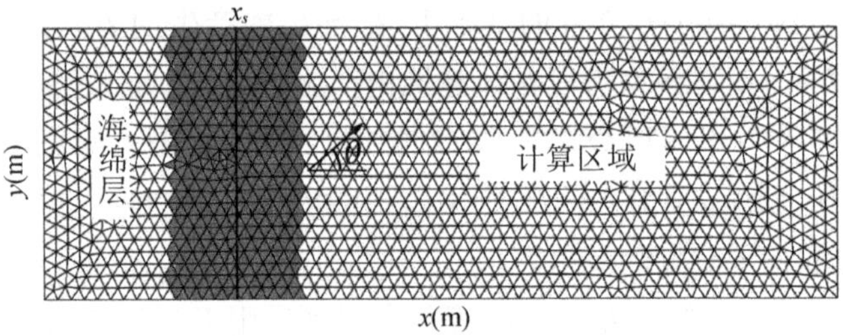

图 3.1　波浪传播方向与源宽范围图

根据线性叠加理论，多向波的源函数可以表示为：

$$F(x,y,t)=\frac{1}{2\pi}\int_{f_L}^{f_H}\int_{\theta_{\min}}^{\theta_{\max}}\frac{D(\omega,\theta)}{\omega}\exp[-\sigma(x-x_s)^2]\cdot \exp[i(kx\cos\theta+ky\sin\theta-\omega t)]\mathrm{d}\theta\mathrm{d}\omega \quad (3.7)$$

式中：$[\theta_{\min},\theta_{\max}]$和$[f_L,f_H]$分别为方向和频率的分布范围。

多向波浪的方向谱 $\hat{S}(f,\theta)$可以表示为波浪的频谱 $S(f)$和方向分布 $G(f,\theta)$的乘积：

$$\hat{S}(f,\theta)=S(f)G(f,\theta) \tag{3.8}$$

$$\int_{-\pi}^{\pi}G(f,\theta)\mathrm{d}\theta=1 \tag{3.9}$$

本书中所用的频谱为 Goda[98]给出的改进的 JONSWAP 谱，即

$$S(f)=\beta_J H_{1/3}^2 T_p^{-4} f^{-5}\exp[-1.25\,(T_p f)^{-4}]\cdot\gamma^{\exp[-(T_p f-1)^2/2\sigma^2]} \tag{3.10}$$

$$\beta_J=\frac{0.0624}{0.230+0.0336\gamma-0.185\,(1.9+\gamma)^{-1}}\cdot[1.094-0.01915\ln\gamma] \tag{3.11}$$

$$\sigma=\begin{cases}\sigma_a=0.07 & f\leqslant f_p\\ \sigma_b=0.09 & f>f_p\end{cases} \tag{3.12}$$

式中：T_p为谱峰周期；γ 为谱峰升高因子，取值范围为 1～7，本书中取均值为 3.3。

本书方向分布采用 Goda[98]建议的 Mistuyasu 型的方向分布函数，即

$$G(f,\theta)=G_0\cos^{2s}\left(\frac{\theta-\theta_0}{2}\right) \tag{3.13}$$

式中：s 是方向分布集中度参数；θ_0是主波向；G_0可由下式确定：

$$G_0=\left[\int_{-\pi}^{\pi}\cos^{2s}\left(\frac{\theta-\theta_0}{2}\right)\mathrm{d}\theta\right]^{-1} \tag{3.14}$$

由式(3.7)，采用频率方向对应法，多向不规则波的源函数可以表示为：

$$F(x,y,t)=\sum_{m=1}^{M_f}\sum_{j=1}^{N_\theta}\frac{D(\omega_m,\ \theta_j)}{\omega_m}\exp[-\sigma(x-x_s)]\cdot$$
$$\cos[k_{mj}(x\cos\theta_j+y\sin\theta_j)-2\pi f_{mj}t+\varepsilon_{mj}] \tag{3.15}$$

其中：

$$f_{mj}=\tilde{f}_m-\frac{1}{2}\Delta f+(j-1+RAN_{mj})\Delta f/N_\theta \tag{3.16}$$

$$\Delta f=(f_H-f_L)/M_f;\Delta\theta=(\theta_{\max}-\theta_{\min})/N_\theta \tag{3.17}$$

式中：$\tilde{f}_m$ 为第 m 个频率区间的中心频率值；M_f和 N_θ 是频率和方向的组成数；

ε_{mj}是[0, 2 π]区间均匀分布的随机初相位;RAN_{mj}是在[0, 1]区间均匀分布的随机数[99]。很显然,当$N_\theta=1$时,由式(3.15)可以得到单向不规则波的源函数。

3.2 域内造波效果验证

3.2.1 规则波在平底水槽的传播

为了验证域内造波的效果,首先对规则波在平底水槽的传播进行了模拟。水池长度为50.0 m,宽度为1.0 m,常水深为0.5 m,规则波的波高为0.04 m,周期为1.0 s。计算区域离散为22 836个三角形单元,域内造波区位于水池中间即$x_s=25$ m处,时间步长取为0.01 s。图3.2给出了规则波在$t=10$ s、20 s、40 s和80 s等不同时刻的侧视图。从图中3.2可见,波浪从造波线$x_s=25$ m处向两侧传播,在水槽两端处由于设置了宽度为2 m的海绵层对波浪进行了吸收,因此波浪尽管经历了较长时间的传播,但是图中所示的结果保持了很好的稳定性,说明本书中采用的域内造波法和海绵层对波浪的产生和吸收效果很好。

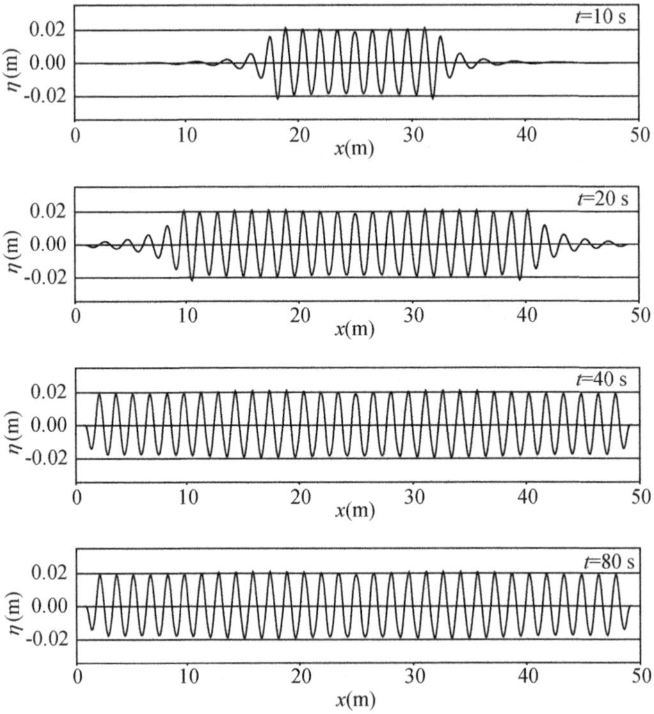

图 3.2 域内造波规则波传播侧视图

3.2.2 波浪与直墙作用模拟

为了验证采用域内造波法对模拟全反射边界情况的有效性，现对波浪与直墙作用进行了数值模拟。计算区域长为 20 m，宽为 1 m，常水深取为 0.5 m，计算区域离散为 9 152 个三角形单元，计算时间步长取为 0.01 s。波浪入射波高取为 0.04 m，周期 1.0 s，域内造波线位于 $x=5$ m 处，水槽右侧边界设置为直墙，左侧设置宽度为 2 m 的海绵层。总共模拟时间为 180 s。图 3.3 给出了 60～61 s 一个周期内几个不同时刻的波面情况，可见在 $t=60$ s 和 $t=61$ s 时刻，波面一致，说明经过长期传播波面重复性较好。计算结果很好地描述了驻波的现象，说明模型中采用了域内造波法可以很好地模拟波浪与直墙作用形成驻波的过程。

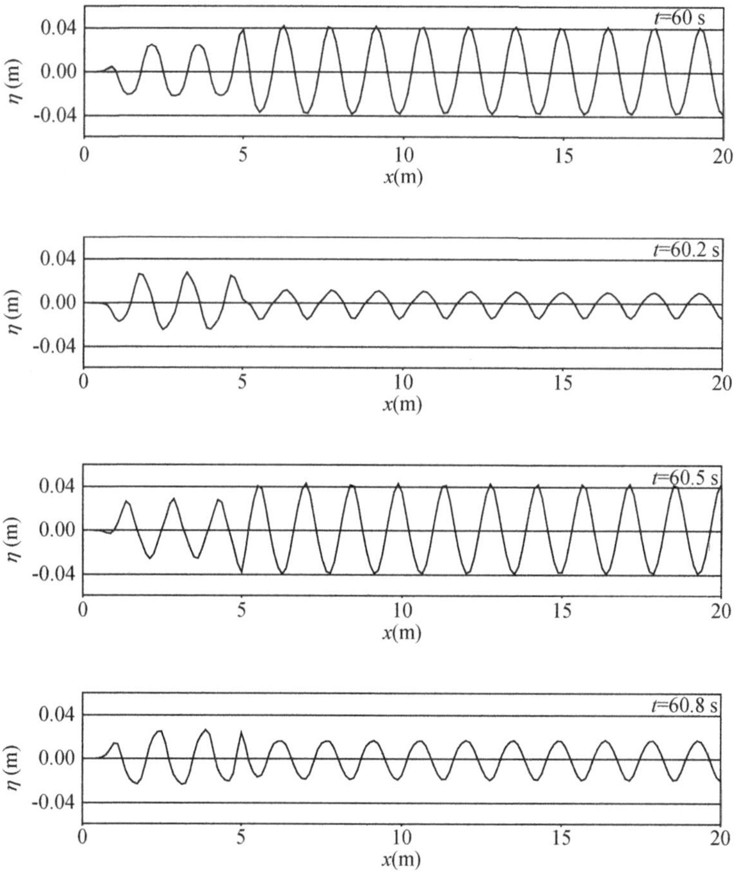

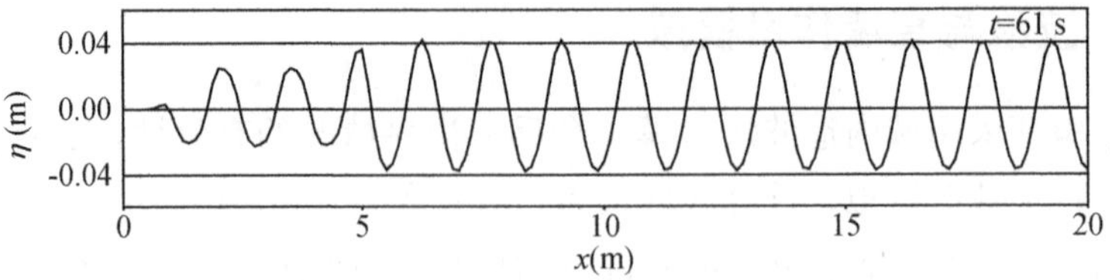

图 3.3　波浪与直墙作用不同时刻波面图

3.2.3　单向不规则波模拟

为验证域内造波对于不规则波浪模拟的有效性，现对单向不规则波在平底水槽内的传播进行了数值模拟。计算区域及水深与波浪对直墙作用算例相同，但此处水槽右侧边界设置了宽度为 2 m 的海绵层用以吸收波浪。不规则波有效波高取为 0.04 m，谱峰周期取为 $T_p=1.2$ s，造波线位于 $x=5$ m 处，总共模拟时间为 300 s。图 3.4 给出了不同位置处截取的 80 s 内的波面过程线及该位置处波面的谱分析结果与输入理论谱的比较。可见对于不同位置的谱值，数值结果与理论结果符合较好，说明采用域内造波的有限元模型可以很好地进行不规则波模拟。

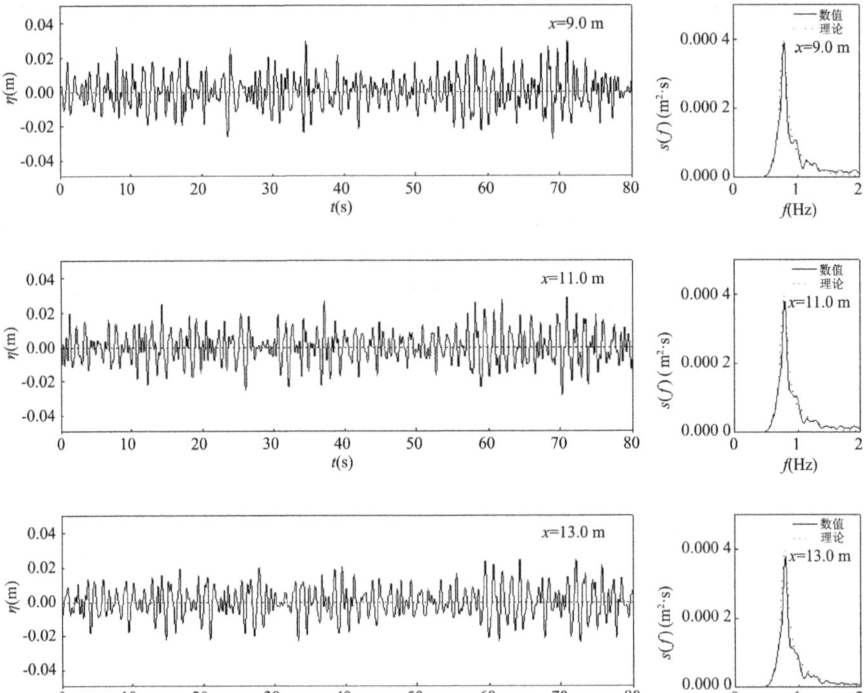

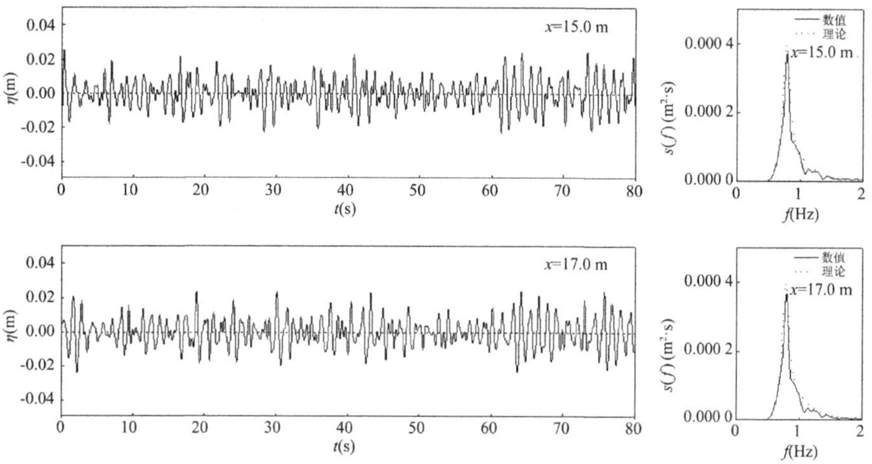

图 3.4　不同位置处不规则波面过程及谱分析结果与理论谱的比较

3.2.4　平底水池内多向不规则波浪传播的模拟

为了考查域内造波法对多向不规则波传播的有效性，对多向不规则波在平底水池中的传播进行了数值模拟。计算采用如图 3.5 所示区域，水池长度为 45 m，宽度为 18 m，坐标原点处在水池中，常水深为 0.5 m。域内造波线位于 $x=-7.5$ m 处，水池四周边界均设置了宽度为 2.0 m 的海绵层。多向不规则波的谱峰周期为 $T_p=1.2$ s，有效波高取为 $H_s=0.04$ m。波浪传播方向与 x 轴的正方向角度定义为传播方向，波浪的主波向为 0°，方向分布集中度参数分别取为 $s=50$、19 和 10。计算模型采用了 186 806 个三角形单元，时间步长为 0.02 s。为了有效分析波浪的相关参数，计算模拟的波浪持续传播 240 s。

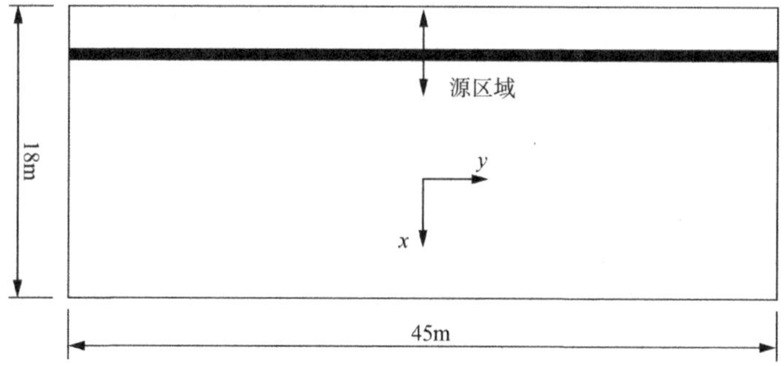

图 3.5　计算区域图

图 3.6 给出了 3 种方向分布集中度波浪在 $t=200$ s 时刻计算区域部分瞬时波面图，可以看出 $s=10$ 时，波浪能量方向分布较广，因此波面分布显得波峰线较短，随着方向分布集中度的增加，波浪能量逐渐向主波向集中，当 $s=50$ 时，波面已经类似于单向不规则波传播情况。

为了分析模拟多向不规则波的方向谱，在坐标原点附近布置了如图 3.7 所示的浪高仪阵列进行数据采集，6 号浪高仪位于原点处，1～5 号浪高仪布置于正五边形顶点，外接圆半径 $r_g=0.6$ m。方向谱的分析采用贝叶斯方法[100]。

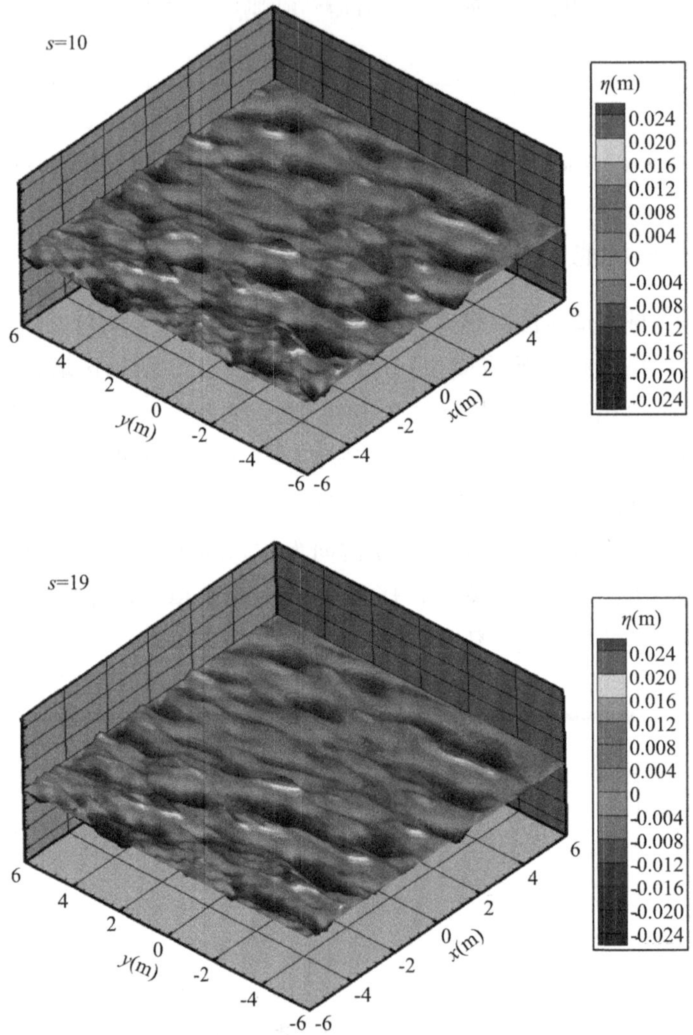

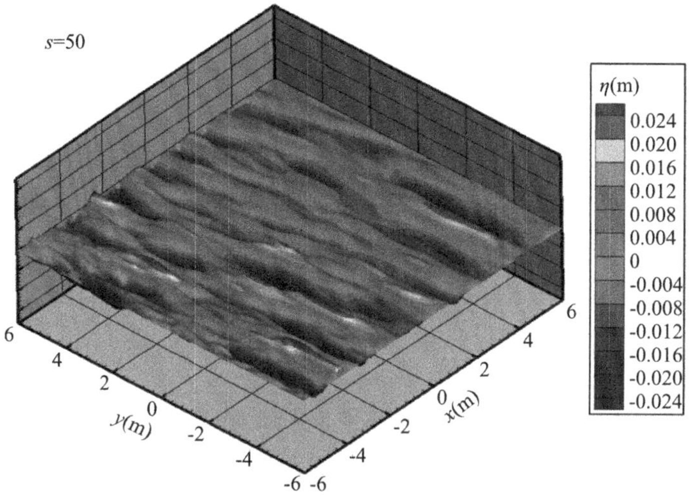

图 3.6　各种方向分布集中度情况下 $t=200$ s 时刻波面三维图

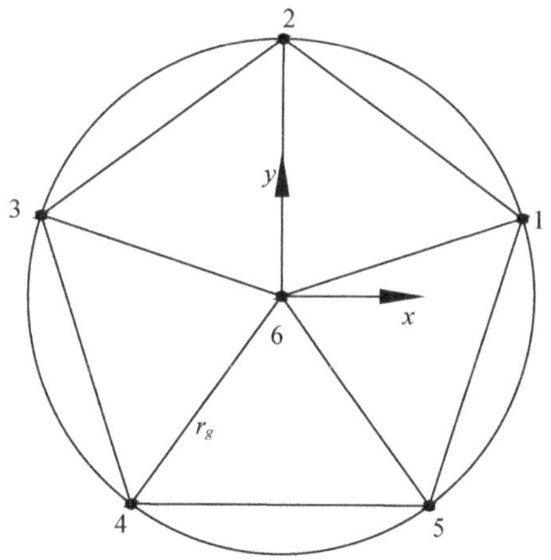

图 3.7　计算区域的浪高仪阵列布置图

图 3.8 和图 3.9 分别给出了所模拟波浪的频谱和对应谱峰频率的方向分布及理论谱与方向分布的对比。可见模拟多向不规则波分析所得频谱和方向分布与理论谱及方向分布基本是一致的，说明本书所用域内造波模型对于多向不规则波是有效的。作为示例，图 3.10 给出了测点处的 3 种情况下的方向谱图。

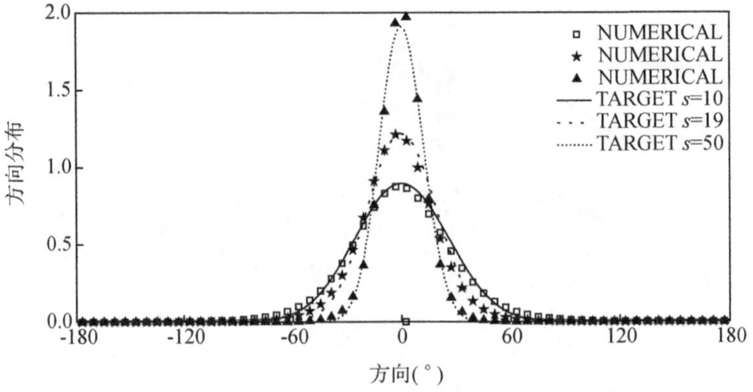

图 3.8　s=10、19、50 时方向分布对比图

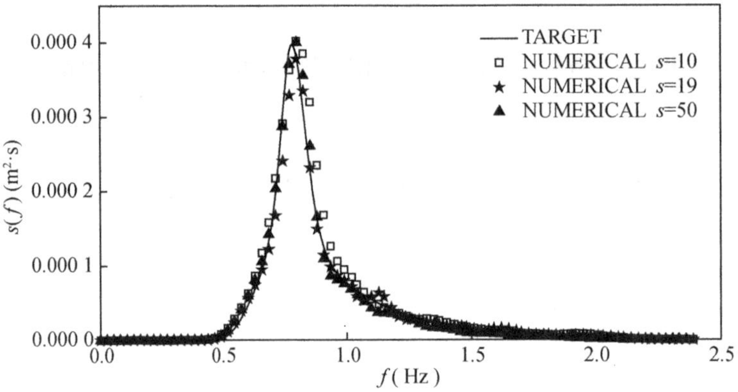

图 3.9　s=10、19、50 时频谱对比图

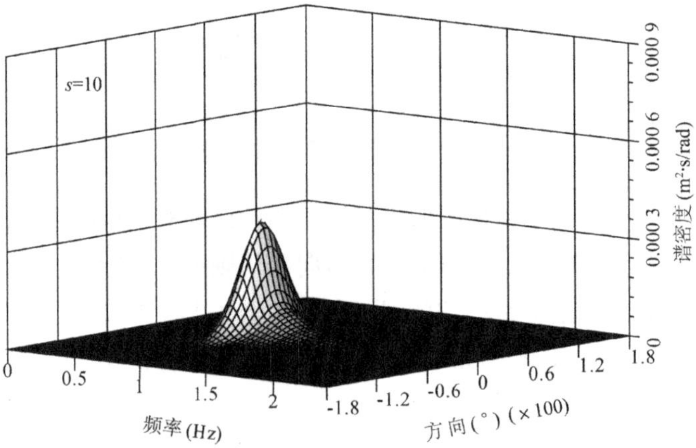

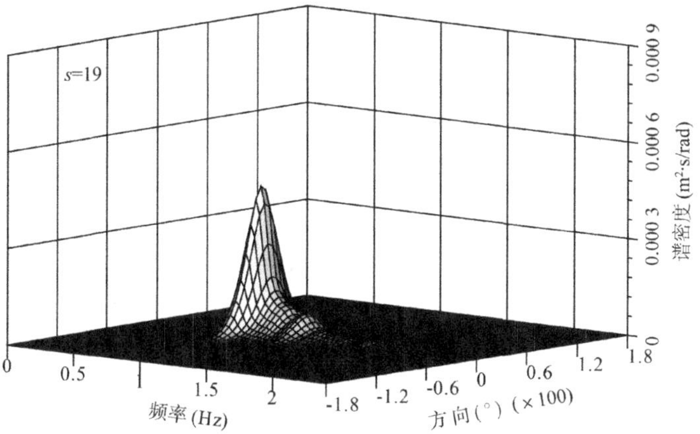

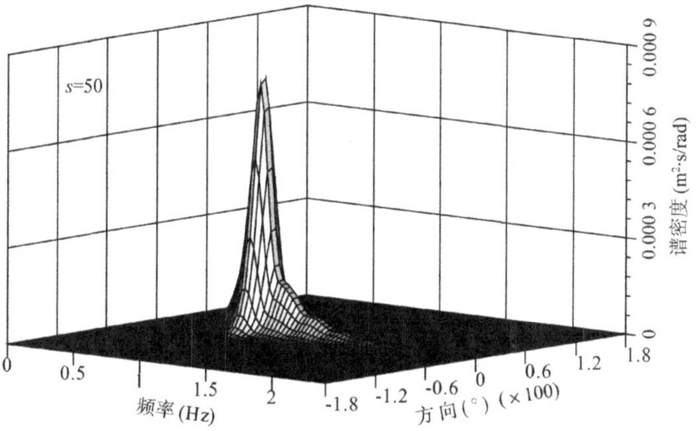

图 3.10　s=10、19 和 50 时方向谱

3.3　小结

为了克服计算区域内结构物反射波浪传至边界处发生二次反射的影响，模型中引入了域内生成波浪法，造波线至边界处设置海绵层使得结构物反射的波浪越过造波线后进入海绵层被吸收，避免在边界处发生的反射再次传回计算区域影响结果。通过对规则波沿平底水槽传播、波浪与直墙相互作用、单向和多向不规则波在平底水槽传播的数值模拟，验证了采用域内造波法生产相应波浪的有效性。

4

多向不规则波对群墩作用的模拟研究

作为海岸建筑物的典型结构，群墩结构得到了越来越多的应用，针对目前大量研究基于单向波的现状，本章对多向不规则波与群墩结构作用进行了数值模拟，研究方向分布集中度、群墩尺度等对于群墩内波浪分布的影响。由于群墩结构尺寸较大，所以其对波浪的反射作用不能忽视，为了避免群墩边界处反射波浪通过入射边界产生二次反射，本章中利用前述域内造波方法用以消除造波边界处波浪发生二次反射的可能。

需要说明的是，考虑到 Boussinesq 型方程基本假定是速度沿水深分布为二次分布，波浪力的求解相对于波面而言误差较大，因此本书关于多向波浪对于结构物作用的研究主要针对波面分布。

4.1　波浪与群墩作用模拟结果验证

为了验证模型对波浪与群墩作用模拟的适用性，首先针对规则波与在平底水池内按正方形布置的群墩作用进行了模拟。图 4.1 给出了计算所用水池简图，原点之外的小方框为如图 4.2 所示的群墩结构所处区域。图 4.2 中同时给出了圆柱周围的网格分布、圆柱编号以及 α 角的定义，圆柱半径为 $r=L/4$，相邻圆柱圆心间距取为波长 L，相对水深为 $kh=\pi$。

图 4.3 给出了沿 x/L 和 y/L 分布的无因次化波幅分布，图中点线为本书模型计算结果，实线为 Silva 等[101]利用缓坡方程对该算例进行模拟的计算结果。由图中可以看出，两种模拟方法的计算结果基本一致，说明本书模型可以很好地模拟波浪与群墩的作用情况。

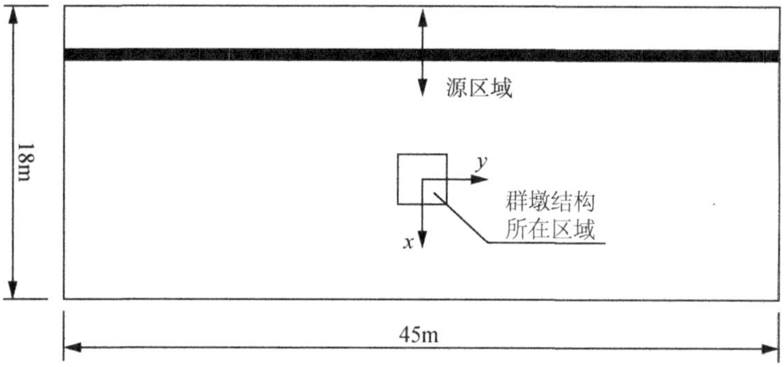

图 4.1　计算区域图

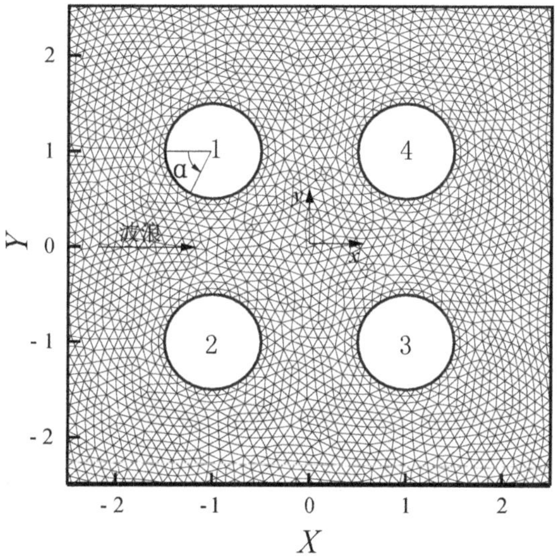

图 4.2　群墩布置图

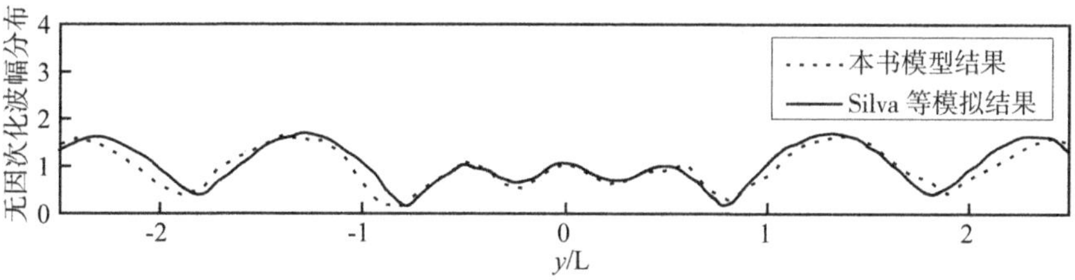

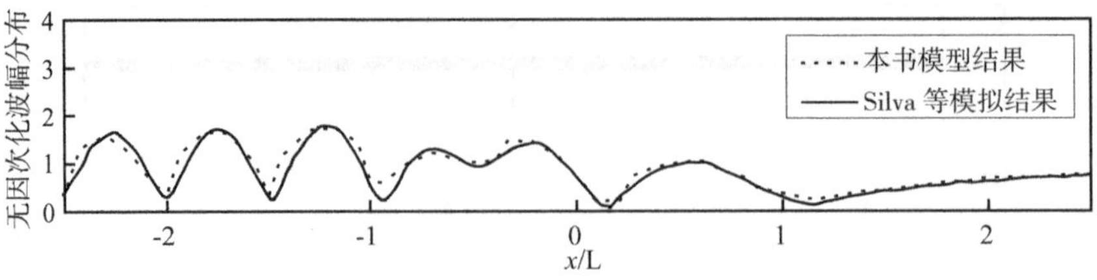

图 4.3　沿 x/L 和 y/L 分布的无因次化波幅分布

4.2　多向不规则波作用下群墩内波浪分布的模拟研究

通过验证，可知本书模型可以应用于波浪与群墩作用的模拟研究。利用所建立数值模型对多向不规则波浪与群墩作用进行了模拟研究，通过同单向波与群墩作用情况进行比较，研究方向分布集中度对群墩周围波浪影响的变化趋势。

计算区域如图 4.1 所示，多向不规则波有效波高 $H_s=0.04$ m，谱峰周期 $T_p=1.2$ s。共考虑了 4 种方向分布集中度参数值，分别为 $s=100$、50、19、10，为了研究方向分布对于不同布置情况下群墩周围波浪分布的影响，计算考虑了 3 种方形群墩布置情况，群墩的尺寸及布置参数列于表 4.1 中。

表 4.1　群墩布置情况参数表

情况	圆柱半径 r (m)	柱心距 DL (m)	r/L	DL/L
1	0.375	1.5	0.183	0.732
2	0.500	2.0	0.244	0.977
3	0.750	3.0	0.366	1.465

图 4.4 和图 4.5 分别给出了 $r=0.375$ m($r/L=0.183$)和 $r=0.500$ m($r/L=0.244$)时不同方向分布集中度波浪在 $t=200$ s 时刻的瞬时波面图。从图中可以看出，当 $s=10$ 时，由于波浪方向分布较宽，波浪能量分布于较大范围内，波面波峰线较短，随着方向分布集中度的增加，波浪方向分布变窄，波浪沿着 y 轴方向分布明显有变均匀的趋势，波峰线逐渐变长，趋于单向不规则波传播情况。

s=10

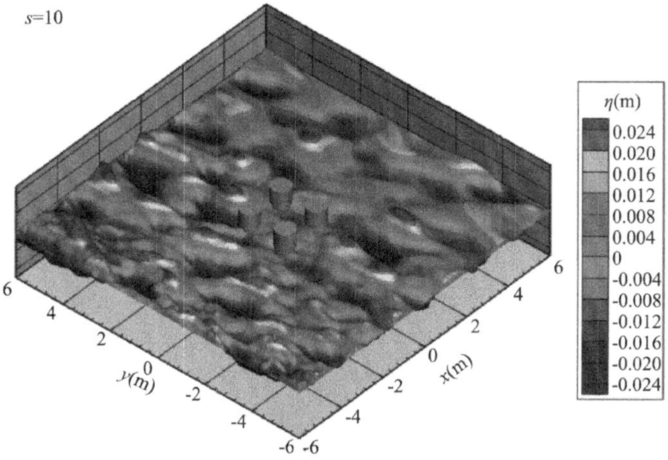
η(m)
0.024
0.020
0.016
0.012
0.008
0.004
0
-0.004
-0.008
-0.012
-0.016
-0.020
-0.024
y(m)
x(m)
6
4
2
0
-2
-4
-6

s=19

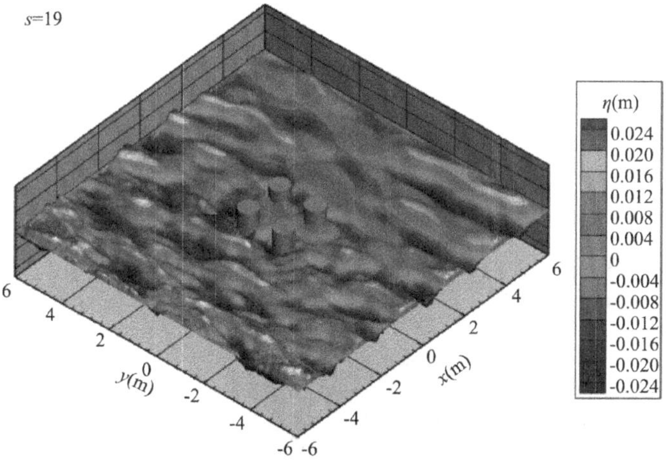
η(m)
0.024
0.020
0.016
0.012
0.008
0.004
0
-0.004
-0.008
-0.012
-0.016
-0.020
-0.024
y(m)
x(m)
6
4
2
0
-2
-4
-6

s=50

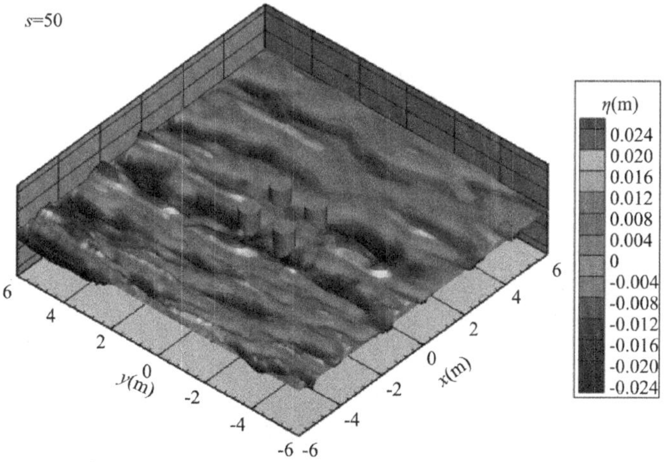
η(m)
0.024
0.020
0.016
0.012
0.008
0.004
0
-0.004
-0.008
-0.012
-0.016
-0.020
-0.024
y(m)
x(m)
6
4
2
0
-2
-4
-6

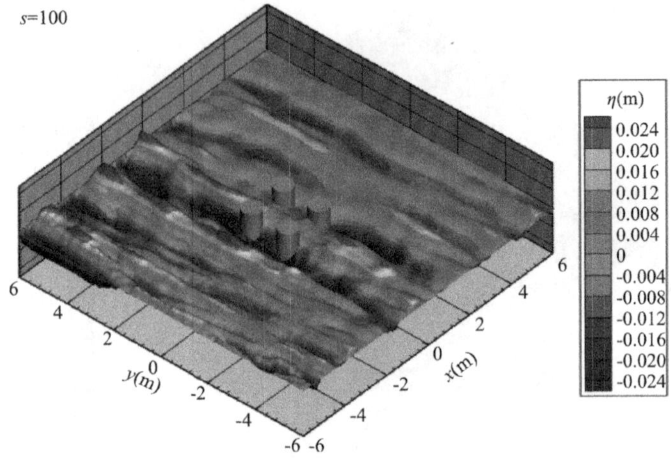

图 4.4 不同方向分布集中度在 $t=200$ s 时波面情况($r/L=0.183$)

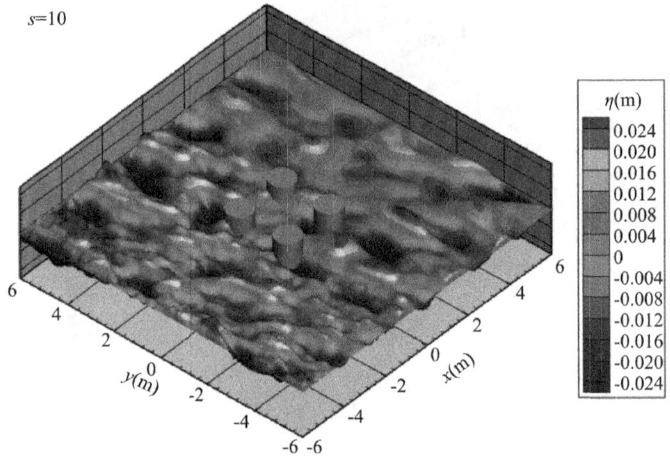

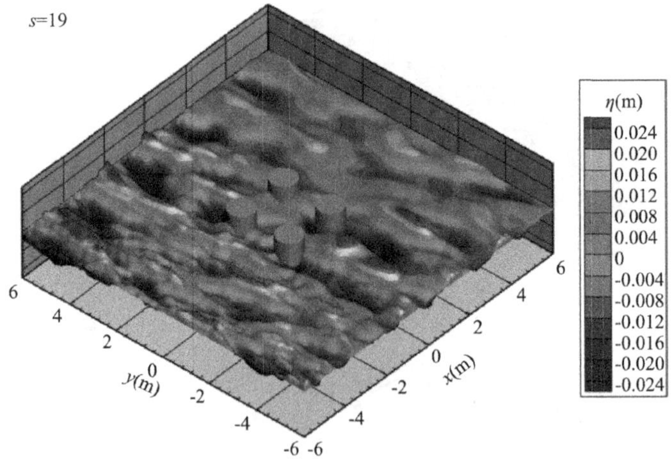

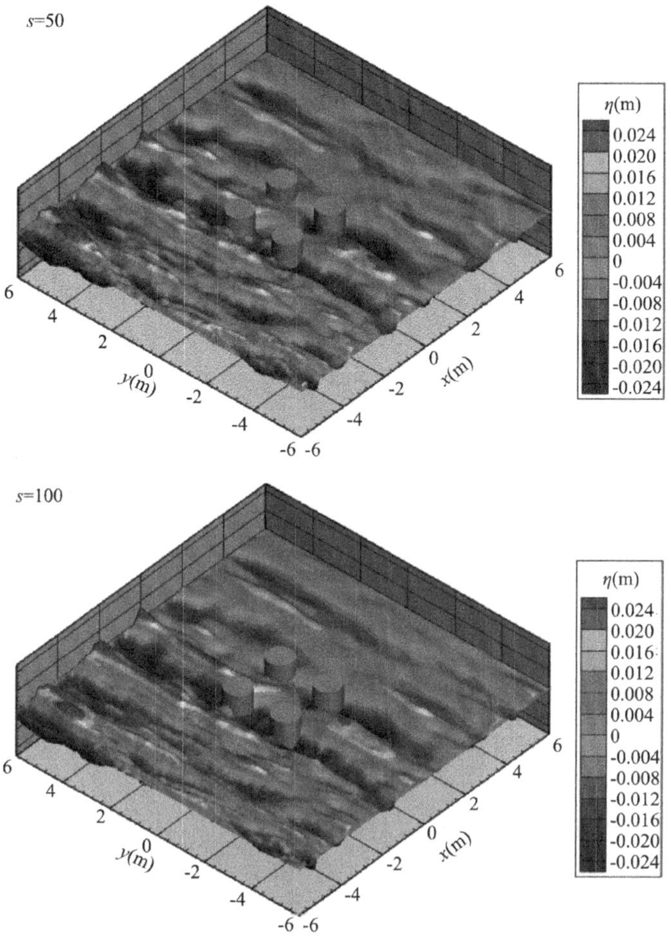

图 4.5　不同方向分布集中度在 t=200 s 时波面情况(r/L=0.244)

为了更好地考查多向不规则波方向分布对于波浪与群墩作用的影响，定义波高影响参数 R 为：

$$R=\frac{H_{0m}-H_0}{H_0} \tag{4.1}$$

式中：H_0为单向不规则波作用下计算区域各点的有效波高值；H_{0m}则为多向不规则波作用下各点的有效波高值。

作为示例，图 4.6 给出了 r=0.500 m(r/L=0.244)群墩布置情况下，当 s=10、19、50 和 100 时的影响参数 R 的分布。由式(3.13)可知，方向分布集中度参数越大，表明方向分布越窄，波浪能量沿主波向分布越集中。从图 4.6 中可见，随着方向分布集中度参数的减小，即方向分布越宽，在相同区域 R 值越大，说明方向分布集中度参数越小，则波高较单向波与群墩作用情况下相比变化越大。在某些位置，R 值甚至达到 0.80，说明在该处波高较单向波作用情况下增加了 80%。而当方向分布集中度参数 $s=100$ 时，方向分布较窄，从图 4.6 中可见，此时大部分区域 R 值均小于 0.20，说明方向分布对于群墩周围波浪分布的影响减小，此时接近于单向波作用时的结果。但是图 4.6 中给出的 4 种情况下 R 值均大于 0，表明多向波与群墩作用时，群墩周围有效波高较单向波作用时大，分析原因是由于方向分布越宽，波峰线空间分布越短，加上结构物的影响，波浪更易在结构物表面产生聚集现象，使得结构物周围波浪增大，从而使 R 值逐渐增大。以上说明如果采用单向不规则波进行波浪对群墩作用的研究，将会低估群墩周围波浪的大小。

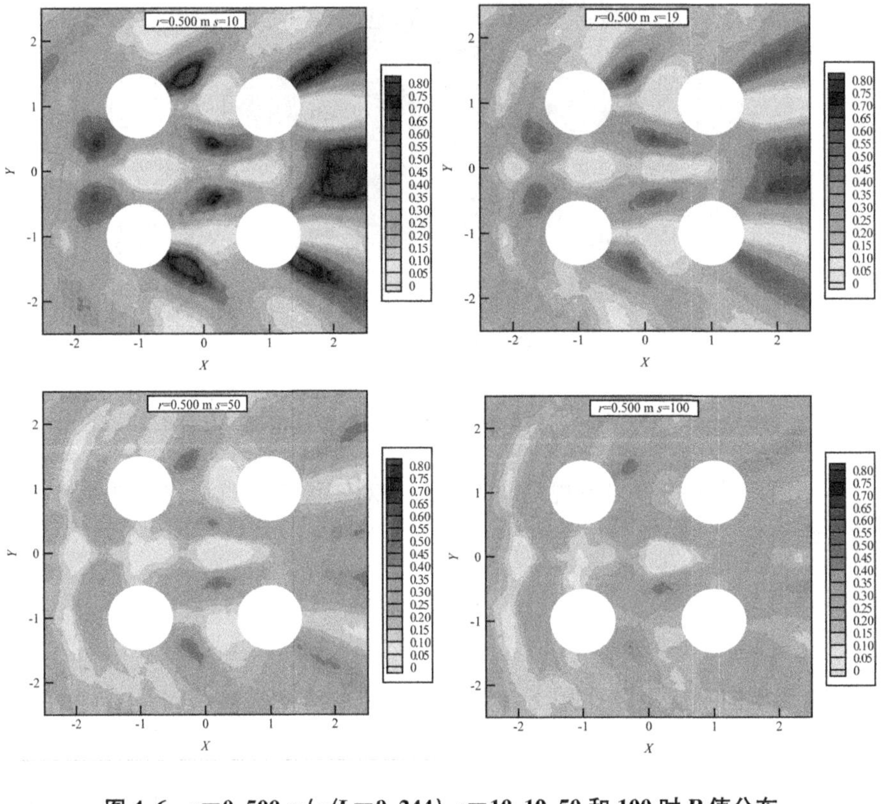

图 4.6　$r=0.500$ m($r/L=0.244$)，$s=10$、19、50 和 100 时 R 值分布

为了定量考查多向不规则波浪与群墩作用情况下群墩周围波浪的分布，针对各轴线上 R 值分布进行了分析。图 4.7～图 4.9 给出了 3 种布置及不同方向分布集中度参数情况下，波高影响参数 R 沿着 x 轴和 y 轴的分布，图下方矩形框处给出了圆柱的相对位置。从图中可见，R 值沿 y 轴具有较好的对称性。图中计算结果表明，在群墩内部区域，当圆柱直径较小的时候，R 值随着方向分布集中度参数的增大（即方向分布变窄）而变小，对于 $r=0.500$ m（$r/L=0.244$）时仍呈这种趋势，只是幅度有所减小，但是当 $r=0.750$ m（$r/L=0.366$）时则呈相反的趋势。结合沿 x 轴分布可以看出，随着圆柱直径的增大，群墩内部沿 x 轴的 R 值分布波动变得更为剧烈，其原因是，当圆柱直径增大，大直径圆柱之间的反射和群墩的绕射作用增强，使得群墩区域内波浪的不均性增强。另外，沿着 x 轴，在群墩内部的区域，最大的涌高一般发生在群墩的靠后区域，但是其受圆柱间距影响较大。尽管对于算例所用群墩布置，大的圆柱间距意味着群墩内部区域较大，使得更多的波浪能量能够传播进入群墩内部，但是由于大的间距同时伴随着大的圆柱直径，绕射和反射作用也就增大，因此 R 值的峰值大小和位置均有所变化。

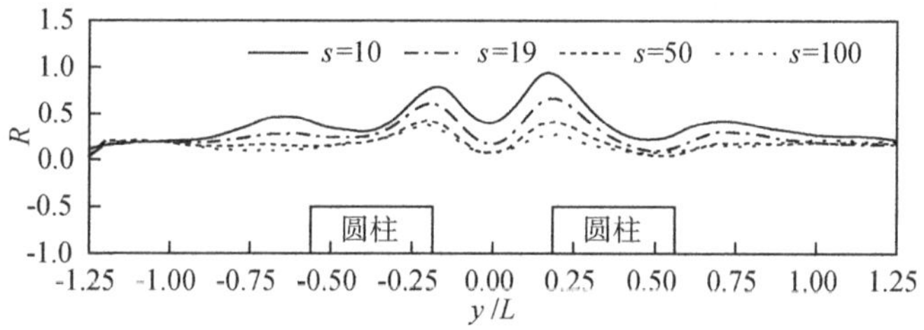

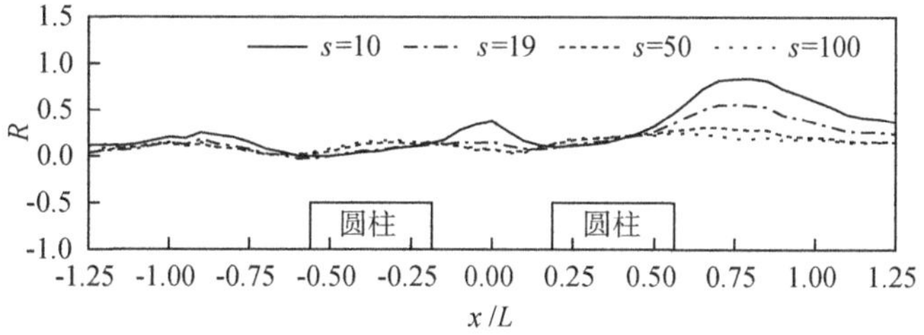

图 4.7　$r=0.375$ m（$r/L=0.183$）时沿群墩中心轴线的 R 值分布

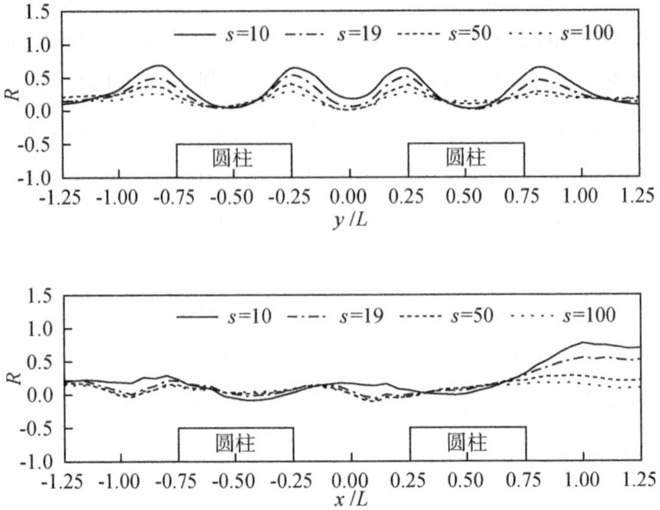

图 4.8　r=0.500 m(r/L=0.244)时沿群墩中心轴线的 R 值分布

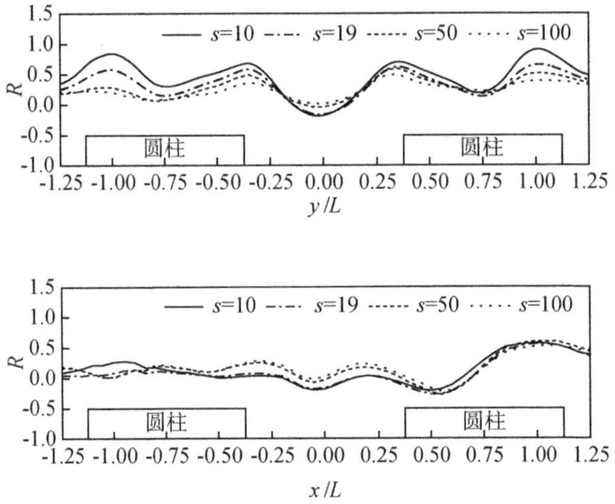

图 4.9　r=0.750 m(r/L=0.366)时沿群墩中心轴线的 R 值分布

图 4.10～图 4.12 进一步给出了每个圆柱圆周上的涌高随着方向分布集中度的变化情况。从图中可以看出，圆柱上的大部分点处的 R 值大于 0，表明多向不规则波较单向不规则波作用时群墩周围波浪涌高更大。同时方向分布集中度参数越小，即波浪的方向分布越宽，影响越大。以 r=0.500 m(r/L=0.244)、s=10 情况为例，R 值的范围为 0.3～0.8。可见在群墩结构中，R 值受波浪的方

向分布的影响不可忽视，若以单向波为典型波浪进行波浪对于群墩作用的研究，则会低估群墩周围波浪的涌高。同时，对于相同直径情况，$s=10$ 和 $s=19$ 时 R 值的变化相对 $s=50$ 和 $s=100$ 时更大，因为对于多向不规则波来说，随着方向分布的参数增大，方向更为集中，但是集中的幅度会逐渐减小，由本节计算结果可以看出，当方向分布参数为 30～40 或更大时波浪方向分布对于计算结果的影响较小。

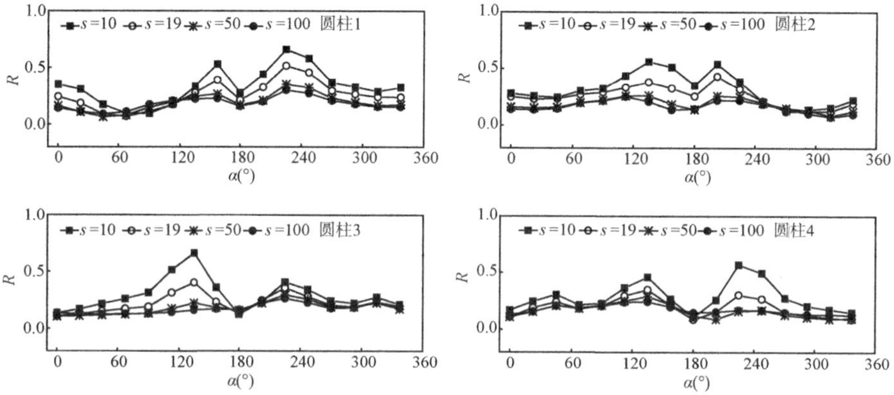

图 4.10　$r=0.375$ m($r/L=0.183$)时圆柱周围 R 值分布

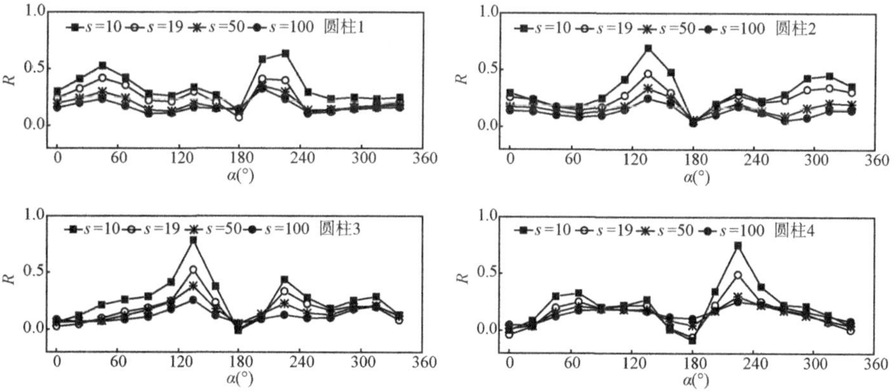

图 4.11　$r=0.500$ m($r/L=0.244$)时圆柱周围 R 值分布

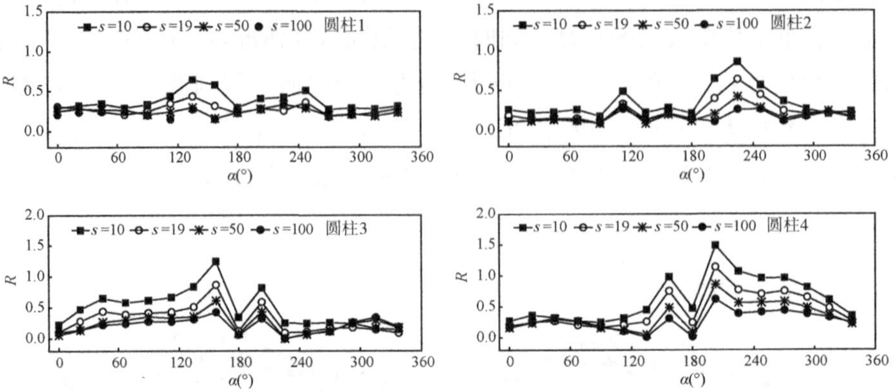

图 4.12　$r=0.750$ m($r/L=0.366$)时圆柱周围 R 值分布

4.3　小结

本章对多向不规则波与群墩作用进行了数值模拟研究，考虑了 4 种方向分布参数，3 种直径的方形布置群墩。对于所考虑的波浪和群墩布置情况，分别给出了方向分布影响参数 R 在群墩区域、轴线和圆柱圆周上的分布。结果表明，大部分区域 R 值受方向分布集中度参数 s 的影响较大，随着方向分布集中度参数 s 的减小，即方向分布越宽，波峰线空间分布越短，加上结构物的影响，波浪更易在结构物表面产生聚集现象，使得结构物周围波浪增大，从而使 R 值逐渐增大。在个别位置处甚至达到 0.80，也就是比单向波增加了 80%，说明方向分布集中度参数 s 值对 R 值影响显著，若以单向波浪作为对群墩结构作用的入射波浪，则会低估群墩结构的受影响程度。方向分布对于波高分布的影响幅度随着 s 值的增大，变化程度却逐渐减小，当方向分布参数 $s<30$ 时，s 值的变化对于 R 值影响较大，当 $s>30$ 时则相反。

5

多向聚焦波及其与独立圆柱作用的模拟研究

极限波浪是海上波浪的极限情况，它对于海洋工程结构物具有较大的破坏力，因此关于极限波浪及其与工程结构物作用成为重要的研究课题。因为极限波浪的主要形成机理通常是由于波能的集聚而形成，因此也称为聚焦波。本章分别对单向、多向聚焦波浪进行了数值模拟，通过与试验结果对比表明本书模型可以给出较为理想的结果。同时本章中对聚焦波浪与独立圆柱作用进行了模拟，并分析了入射波幅、方向分布集中度以及圆柱直径等对于聚焦波浪与独立圆柱作用的影响。

5.1 聚焦波浪的生成方法和特性

关于聚焦波浪的产生，许多学者提出了各自的方法，归纳起来可分为以下三种：

(1) 相速度法。该种方法以线性理论为基础，不同频率组成波之间通过相位调制而在指定位置和时刻使波峰达到最大产生一大波。Greenhow 等[102]，Chaplin[103]，Baldock 等[104]，李金宣[105]，孙一艳[106]以及本书都是采用了这种方法。

(2) 逆传播法。这种方法假定在初始静水面某一位置处加入一定体积的水体引起波动，波浪从扰动点沿两侧传播。然后反演叠加形成大波。这一方法最早由 Mansard 等[107]提出，可用于产生临近破碎的瞬态波浪。

(3) 波群速法。规则波波列的波前能量是以波群的速度传至静止水体中，实验室中可以调节造波板的驱动信号来生成频率等距分布的系列波，并在水槽的某一位置集中产生大波。驱动信号应使得瞬态波群速度满足聚焦波出现前将波能传递到聚焦点位置处的要求。对于深水情况，频率应是以恒定的变化率进行变化，也就是说各波分量频率等距分布，这一方法的特点可以避免水槽末端过早发生反射影响试验区域波浪分布和传播。

除上述三种主要方法外，Clauss[108]和Gunther[109]将实测的包含极限波浪的波面系列进行分析，经过半经验公式逆向变化得到造波信号，并且利用实测波面分析得到每一时间步长组成波信息，优化线性理论下得到的每一步长，从而生成特大的波浪序列。Dawson等[110]、Kriebel[111]基于同一波谱，分别分配给基本波列和瞬态波列，然后将基本波列和瞬态波列进行线性叠加来生成较大波浪的波列，该方法存在一个缺陷，那就是瞬态波浪不能理想地在给定地点发生汇集。Schlurmann等[112]利用宽波谱和窄波谱模拟了包含较大瞬态波浪的波列，并记录了其发展破碎的过程。

本书采用波浪聚焦产生所要求的波浪，需将入射边界引入产生聚焦波浪的相应参数。如果聚焦波面的入射波面定义为 η_{I}，则入射边界处沿水深平均的速度 u_{I} 和 v_{I} 应满足：

$$u_{\mathrm{I}} = \frac{\omega}{kh}\eta_{\mathrm{I}}\cos\theta \tag{5.1}$$

$$v_{\mathrm{I}} = \frac{\omega}{kh}\eta_{\mathrm{I}}\sin\theta \tag{5.2}$$

式中：ω 为波浪频率；k 为波数；h 为水深值。

可以产生多向波的入射条件应满足式(5.3)给出的波面条件：

$$\eta_{\mathrm{I}}(x,y,t) = \sum_{i=1}^{N_f}\sum_{j=1}^{N_\theta} a_{ij}\cos(k_i x\cos\theta_j + k_i y\sin\theta_j - 2\pi f_i t - \phi_{ij}) \tag{5.3}$$

式中：a_{ij}为对应第 i 个频率 f_i、第 j 个方向角度 θ_j组成波的波幅；k_i为第 i 个频率组成波的波数；ϕ_{ij}为组成波的初相位；N_f和 N_θ则分别为频率、角度的组成个数。对于每个组成波，其频率 f_i和 k_i应满足式(5.4)所示的色散关系。

$$\omega_i^2 = (2\pi f_i)^2 = k_i g\tanh(k_i h) \tag{5.4}$$

对于聚焦波浪，若假定波浪在 t_b时刻于(x_b，y_b)点处聚焦，则各组成波相位 ϕ_i应该满足如下关系：

$$\cos(k_i x_b\cos\theta_j + k_i y_b\sin\theta_j - 2\pi f_i t_b - \phi_{ij}) = 1 \tag{5.5}$$

即有

$$\phi_{ij} = k_i x_b \cos\theta_j + k_i y_b \sin\theta_j - 2\pi f_i t_b + 2m\pi;\ m = 0, \pm 1, \pm 2, \cdots \tag{5.6}$$

设 $m=0$，则在 t_b 时刻于 $(x_b,\ y_b)$ 点处聚焦的多向聚焦波入射边界处应有：

$$\eta_{\mathrm{I}}(x,y,t) = \sum_{i=1}^{N_f}\sum_{j=1}^{N_\theta} a_{ij}\cos[k_i(x-x_b)\cos\theta_j - k_i(y-y_b)\sin\theta_j - 2\pi f(t-t_b)] \tag{5.7}$$

根据式(5.1)、式(5.2)，由叠加原理，造波边界处各点速度应满足：

$$u_{\mathrm{I}}(x,y,t) = \sum_{i=1}^{N_f}\sum_{j=1}^{N_\theta} \frac{\omega_i}{k_i h} a_{ij} \cdot \cos[k_i(x-x_b)\cos\theta_j - k_i(y-y_b)\sin\theta_j - 2\pi f(t-t_b)]\cos\theta_j \tag{5.8}$$

$$v_{\mathrm{I}}(x,y,t) = \sum_{i=1}^{N_f}\sum_{j=1}^{N_\theta} \frac{\omega_i}{k_i h} a_{ij} \cdot \cos[k_i(x-x_b)\cos\theta_j - k_i(y-y_b)\sin\theta_j - 2\pi f(t-t_b)]\sin\theta_j \tag{5.9}$$

式中：f_i为第 i 个组成频率，等分 $f_{\min} \sim f_{\max}$。组成波的波幅 a_{ij} 可由频谱和方向分布求得：

$$a_{ij} = S_a(f_i)G(\theta_j) \tag{5.10}$$

式中：$S_a(f_i)$由于频谱类型的不同应取为不同形式，通常可以有以下三种形式：

(1) 等波幅分布(CWA)，即各组成波波幅相等，有：

$$S_a(f_i) = \frac{A}{N_f} \tag{5.11}$$

(2) 等波陡分布(CWS)，即各组成波波陡相等，即：

$$S_a(f_i) = \frac{A}{k_i \sum_{n=1}^{N_f} 1/k_i} \tag{5.12}$$

式中：k_i为第 i 个组成波的波数。

(3) 频谱形式

$$S_a(f_i) = A\sqrt{\frac{S(f_i)}{\sum_{n=1}^{N_f} S(f_n)}} \tag{5.13}$$

上述式中 A 为聚焦波幅；$S(f_i)$为频率 f_i对应的频谱值，本书采用 Goda 建

议的 JONSWAP 谱[98]，即

$$S(f) = \beta_J H_{1/3}^2 f_p^4 f^{-5} \exp[-1.25\,(f/f_p)^{-4}] \cdot \gamma^{\exp[-(f/f_p-1)^2/2\sigma^2]} \quad (5.14)$$

$$\beta_J = \frac{0.0624}{0.230 + 0.0336\gamma - 0.185\,(1.9+\gamma)^{-1}} \cdot [1.094 - 0.01915\ln\gamma] \quad (5.15)$$

$$\sigma = \begin{cases} \sigma_a = 0.07 & f \leqslant f_p \\ \sigma_b = 0.09 & f > f_p \end{cases} \quad (5.16)$$

式中：f_p为谱峰频率；γ 为谱峰升高因子，取值范围为 1～7，本书中取均值为 3.3。

方向分布可由下式确定：

$$G(\theta_j) = \frac{\cos^{2s}[(\theta_j - \theta_0)/2]}{\sum_{j=1}^{N_\theta} \cos^{2s}[(\theta_j - \theta_0)/2]} \quad \theta_{\min} < \theta_j < \theta_{\max} \quad (5.17)$$

式中：θ_0为主波向；s 为方向分布集中度参数。

5.2 聚焦波数值模拟验证

5.2.1 单向聚焦波与圆柱作用模拟

为了考查模型对聚焦波浪模拟的有效性，本书对现有的试验数据进行了数值模拟并与试验结果进行了对比，以验证数值模型。试验是在大连理工大学海岸和近海国家重点实验室海洋环境水槽中进行的，水槽尺寸为：长度 50 m，宽度 3 m，深度 1 m，最大允许工作水深 0.7 m。水槽的一端安装了液压伺服不规则造波机，另一端设有消波设备以防止波浪反射污染试验区域。试验时波浪聚焦点设置在距离造波板 11.4 m 处，也就是如图 5.1 中 29＃浪高仪处。试验所用圆柱直径为 0.25 m，为使圆柱表面安放的浪高仪处在未放圆柱时的聚焦点处，圆柱前端点位于水池中心线离造波板 11.41 m 处。

试验所用水深 h=0.5 m，采样间隔为 0.02 s，每组试验共采集了 3 000 个数据点，也就是采集了 60 s 内的波浪数据。本节用以数值模拟的波浪参数列于表 5.1 中，其中 A 为在放入圆柱前在 29＃浪高仪需要达到的聚焦波幅，试验时分别考虑了波峰聚焦和波谷聚焦两种情况，对应波谷聚焦即为 A 取负值。在数值模拟过程中，为了得到造波边界处的线性输入信号，将波峰聚焦波面过程线与波谷聚焦过程线相减并减半，以消除波浪传播过程中的非线性影响，获得线性波面过程。将得到的线性波面数据利用快速傅里叶变换(FFT)进行分离，即可得到其组成波的频率、波高和初相位，作为入射边界处的输入波浪。

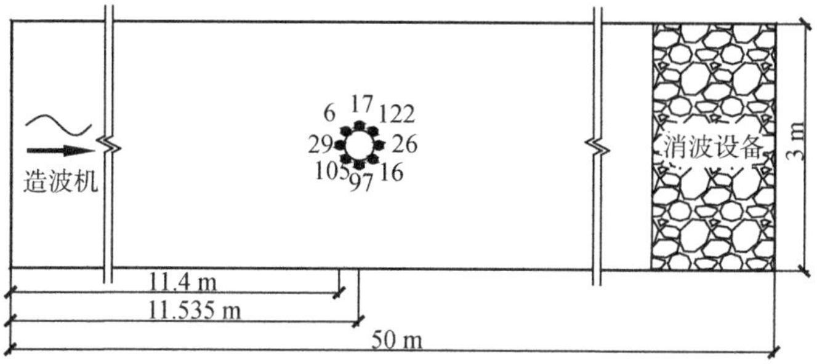

图 5.1 圆柱表面浪高仪布置图

表 5.1 用以对比的聚焦波浪参数

情况	谱峰频率 f_p(Hz)	频率范围 $f_{min} \sim f_{max}$ (Hz)	频率宽度 $\Delta f = f_{max} - f_{min}$ (Hz)	频率划分个数	聚焦波幅 A(m)
1	0.375	1.5	0.46	29	0.03
2	0.5	2.0	0.46	29	0.06

图 5.2～图 5.5 分别给出了未放置圆柱和放置圆柱时圆柱周围 3 个测点处的数值模拟波面与试验所测波面的对比图。从图中可以看出，数值模拟波面与试验所测波面基本是一致的，尤其是当聚焦波幅为 0.03 m 的情况下，由于波幅较小，波浪的非线性影响较弱，两种波面过程非常接近。但是当聚焦波幅为 0.06 m时两种结果有一定的差别，分析原因可能有：第一，因为本书所用 Boussinesq 模型只能考虑一定的非线性，而当波幅较大时，波浪的非线性较强；第二，入射边界所采用的线性波浪是由试验所测波峰聚焦波面与波谷聚焦波面做差减半的方法得到的，但是试验所测得的波峰聚焦波面与波谷聚焦波面不能完全重合，上述处理只能得到近似的线性波面，与理想线性输入信号存在一定差别。

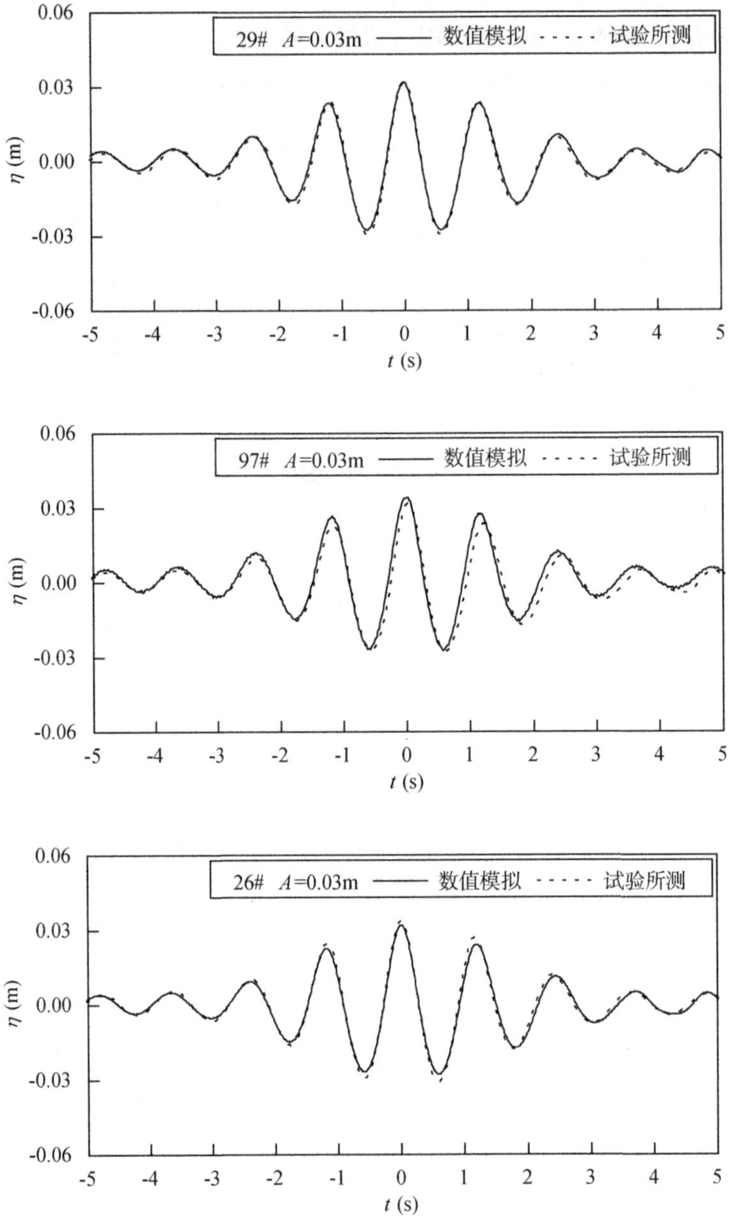

图 5.2　未放圆柱时波面结果对比(A=0.03 m)

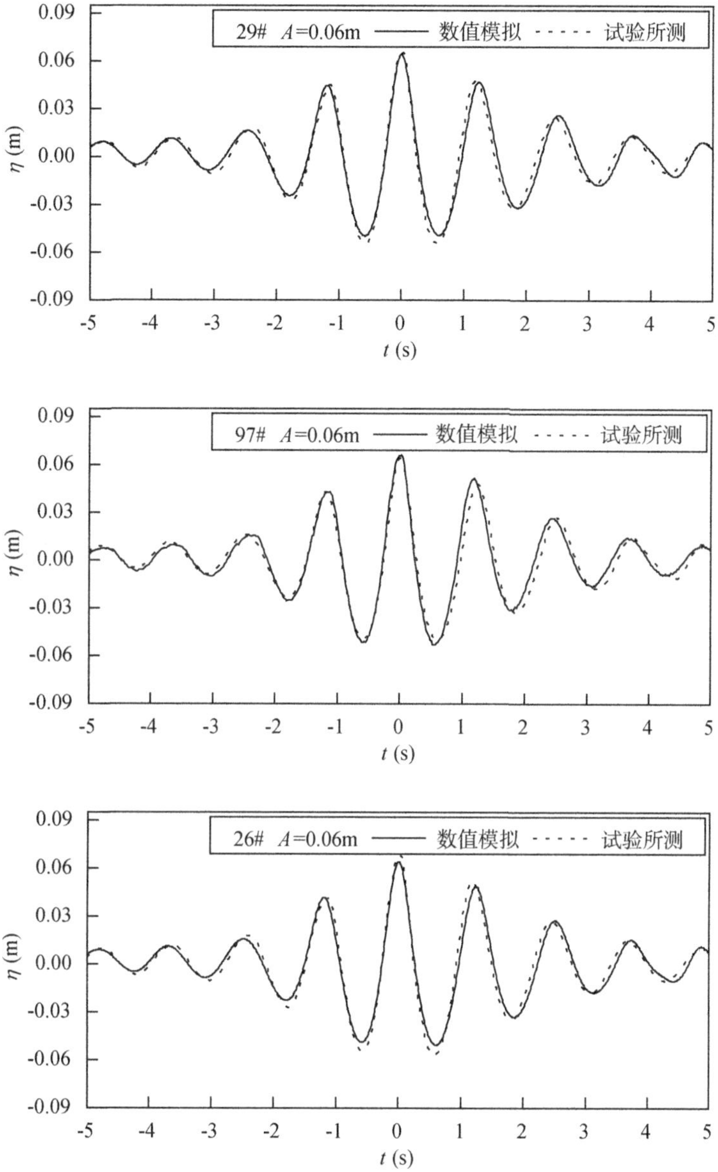

图 5.3 未放圆柱时波面结果对比(A=0.06 m)

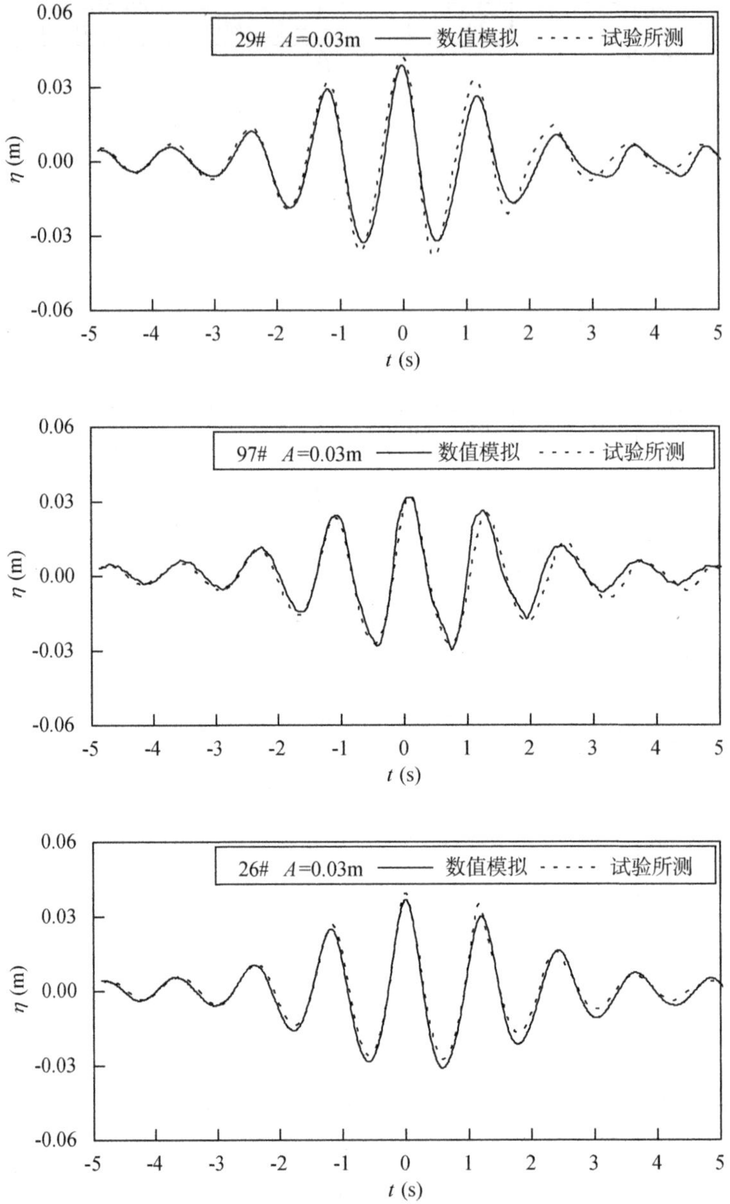

图 5.4 放入圆柱时波面结果对比(A=0.03 m)

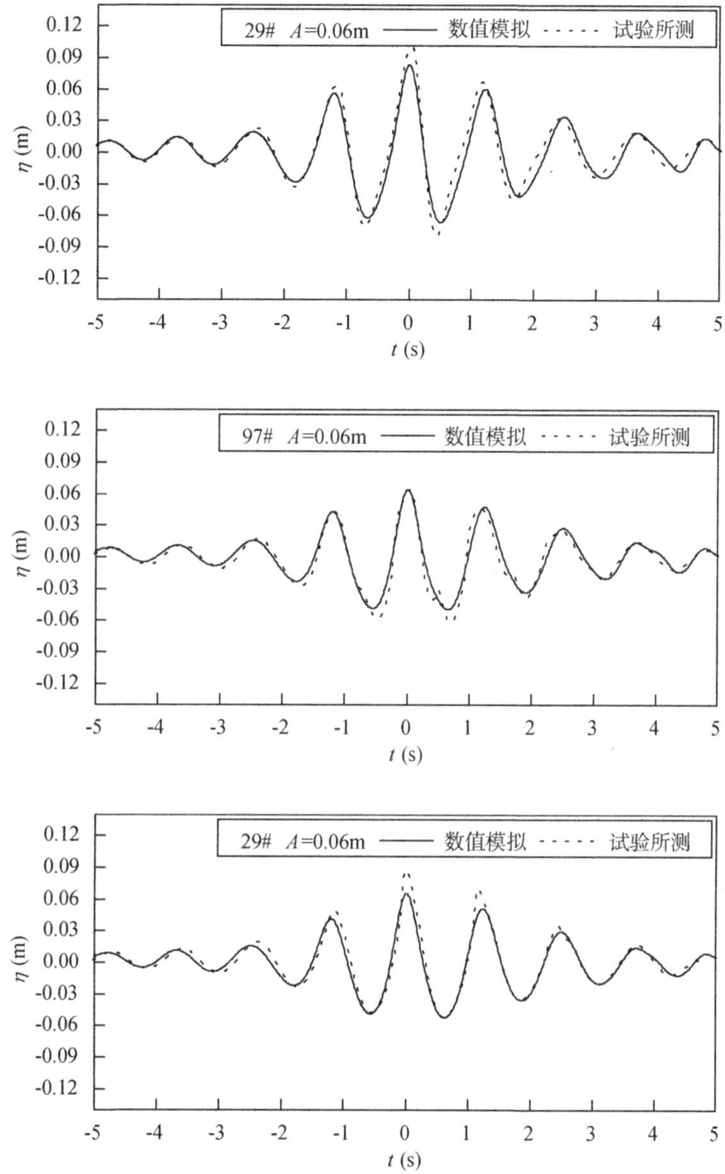

图 5.5　放入圆柱时波面结果对比(A=0.06 m)

5.2.2　多向聚焦波的模拟

为了验证模型对多向聚焦波浪模拟的有效性，进一步对 Johannessen 等[113]所做多向聚焦波试验进行了数值模拟。试验在爱丁堡大学实验室中进行，

图 5.6给出了试验水池布置图。水池长 25 m，宽为 11 m，最大水深为1.2 m，在水池边界沿长度方向布置 75 块数字控制的造波板，每块造波板宽度为 0.3 m，可以产生所需要的波浪，在水池的另外一侧布置消波设备用以吸收波浪。试验中聚焦波幅取为 $A=0.02$ m，由 64 个等波幅的波组成，频率介于0.83～1.25 Hz，方向介于$-45°$～$45°$。现对方向分布集中度 $s=4$ 的多向聚焦波进行数值模拟并和试验结果进行对比分析。

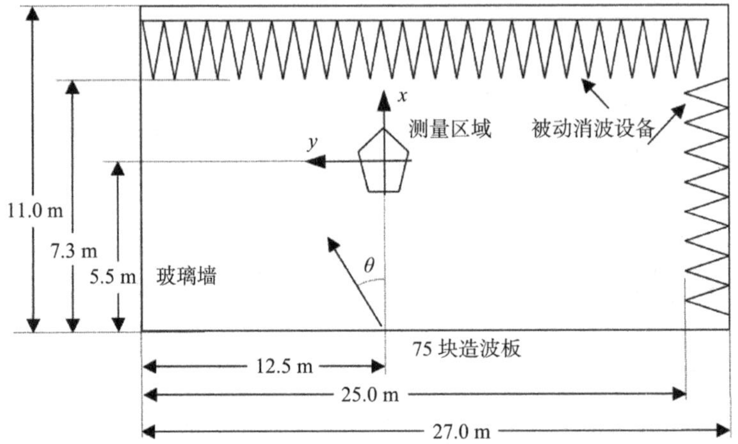

图 5.6　Johannessen 和 Swan 波浪试验水池

图 5.7 给出了数值模拟多向聚焦波浪波面与试验所测波浪波面的比较，图 5.8 和图 5.9 分别给出了聚焦时刻沿 x 及 y 方向数值模拟波面分布与试验波面分布的比较情况。对比两种结果可以看出，数值结果和试验结果吻合较好，表明所用数值模型可以准确地进行多向聚焦波浪的模拟。

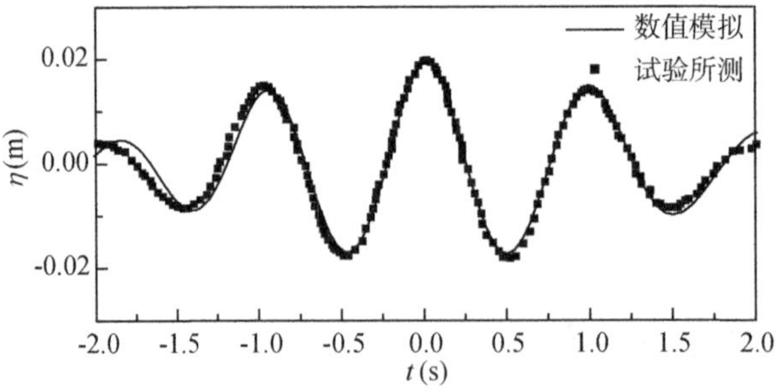

图 5.7　多向聚焦波浪波面序列对比

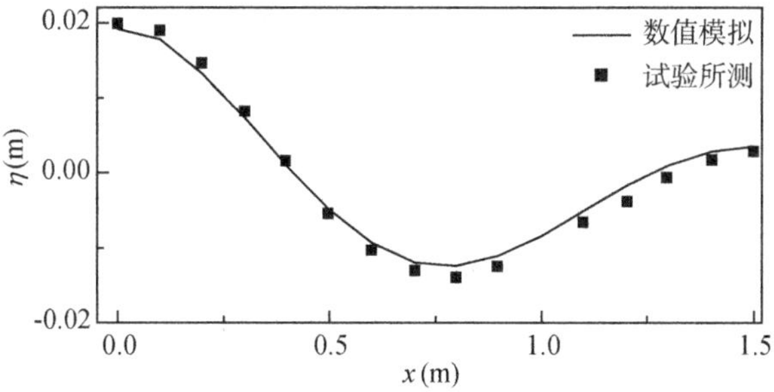

图 5.8 聚焦时刻沿 x 方向空间波面分布的比较

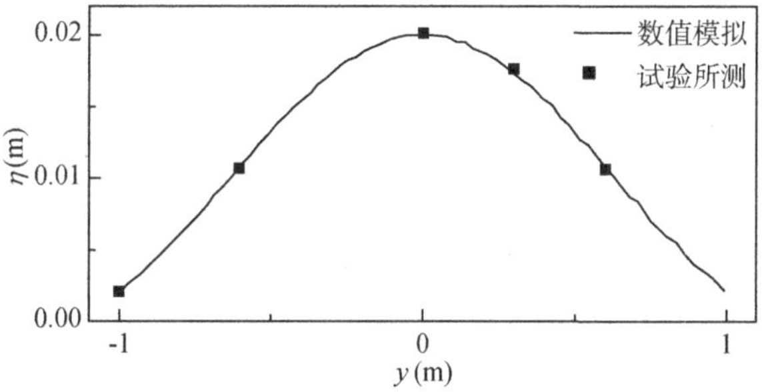

图 5.9 聚焦时刻沿 y 方向空间波面分布的比较

5.3 多向聚焦波的模拟研究

为了研究多向聚焦波浪对于结构物作用的情况，首先针对不同方向分布时多向聚焦波浪的特性进行了模拟研究，多向聚焦波浪计算区域如图 5.10 所示，宽度为 18 m，长度为 45 m，水深为 0.5 m，入射边界位于如图左侧边界处，其余 3 个边界前均设置了宽度为 2.0 m 的海绵层。聚焦点位于距离入射边界 7 m 处，所用波浪参数列于表 5.2 中。

表 5.2 多向聚焦波浪参数

谱峰频率 f_p(Hz)	0.83
频率范围 $f_{min}\sim f_{max}$(Hz)	0.6～1.06
频率划分份数 N_f	29
聚焦波幅 A(m)	0.03、0.06、0.09

续表

主波向 θ_0(°)	0
方向范围 $\theta_{min}\sim\theta_{max}$(°)	−45～45
方向划分份数 N_θ	91
方向分布参数 s	0、10、15、30、50、100

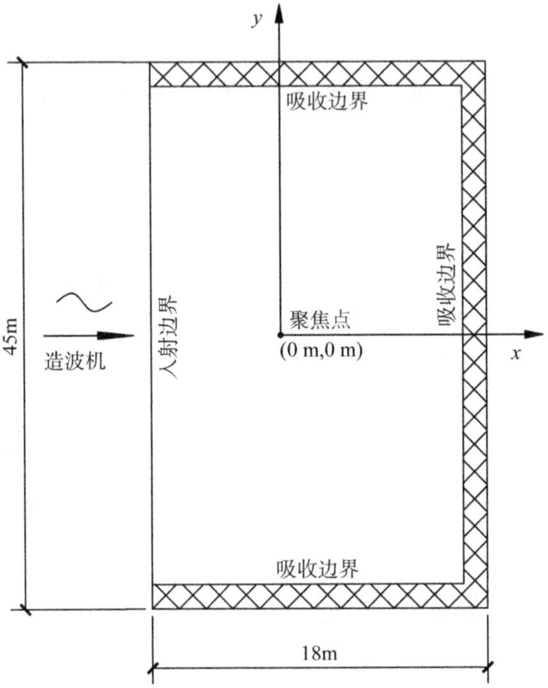

图 5.10　计算区域示意图

作为示例，图 5.11 给出了聚焦波幅为 0.09 m 情况下 $t=35$ s 时刻波面侧视图。从图中可见，相对于多向不规则波这一均匀波浪场，多向聚焦波有很强的不均匀性。当方向分布集中度参数 $s=0$ 时，即方向分布较宽时，在聚焦时刻，在聚焦点附近的波面与同时关于 x 轴和 y 轴对称的圆锥形类似，波面沿 y 轴分布较窄，随着与聚焦点的距离的增大而波幅逐渐减小，聚焦点处波幅远大于周围其他位置的波幅。随着方向分布集中度 s 值的增大，即波浪的方向分布越窄，模拟波幅值仍为所给定的波幅值，但聚焦波浪波面沿 y 轴方向的分布也逐渐变宽，可见波浪方向分布参数 s 对波面宽度影响较大。

图 5.12～图 5.14 分别给出了不同入射波幅、不同方向分布集中度聚焦波在

聚焦点处的时间过程线对比情况，可见当入射波幅相同时，方向分布集中度对于聚焦点处的波动过程影响不大。图 5.15 给出了聚焦点处聚焦波面振幅谱比较情况，可见波浪谱峰频率位于 0.83 Hz 附近，与给定值基本一致，二阶波浪主峰频率位于 1.6 Hz 附近，这与孙一艳[106]基于单向聚焦波实验得到的结论是一致的。同时，随着入射波幅的增大，一阶和二阶波浪能量均有所增大，并且二阶能量与一阶能量相比增大的幅度也有所增加，说明随着波幅的增大，波浪非线性越来越强。

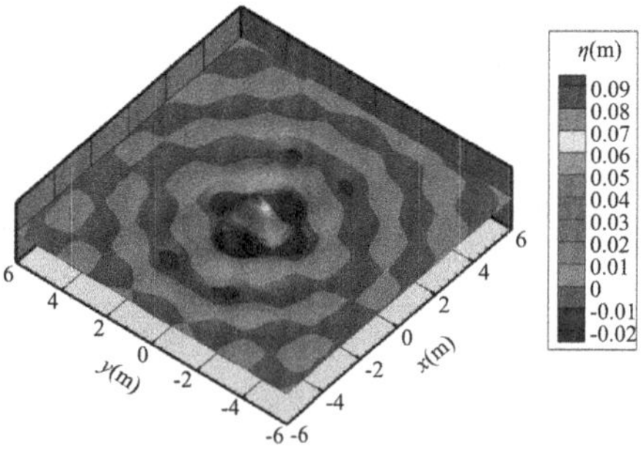

(a) $s=0$

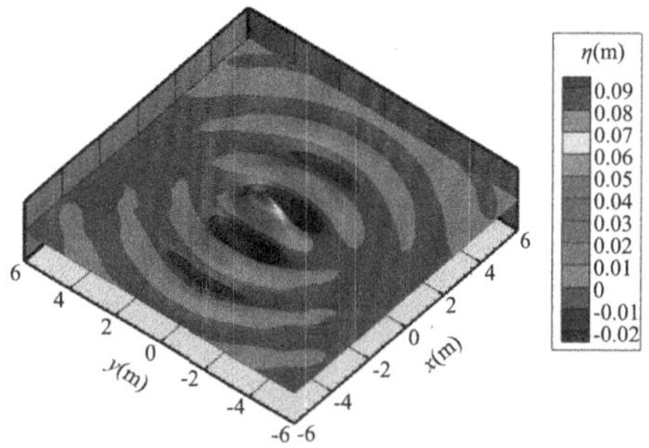

(b) $s=10$

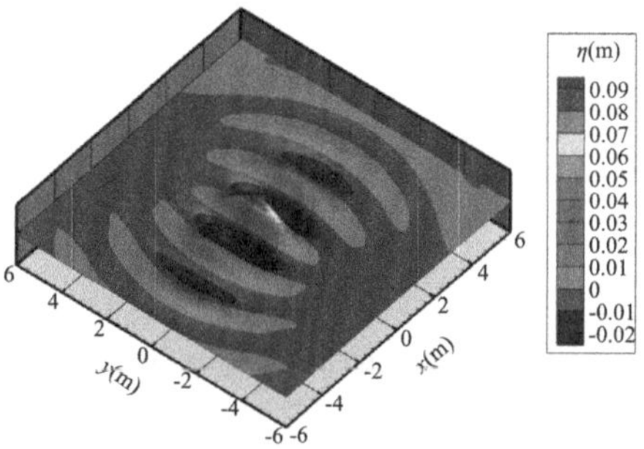

(c) $s=15$

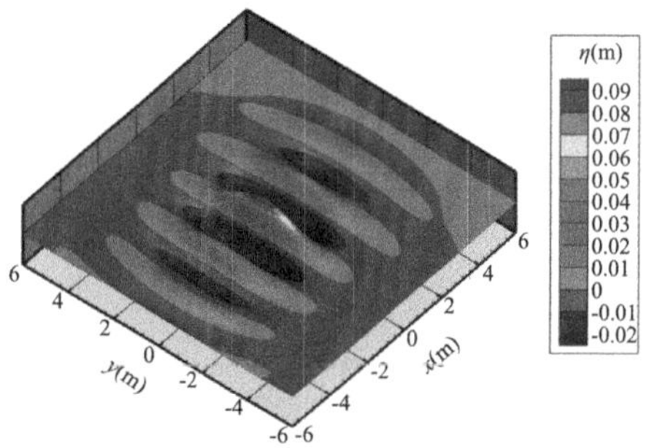

(d) $s=30$

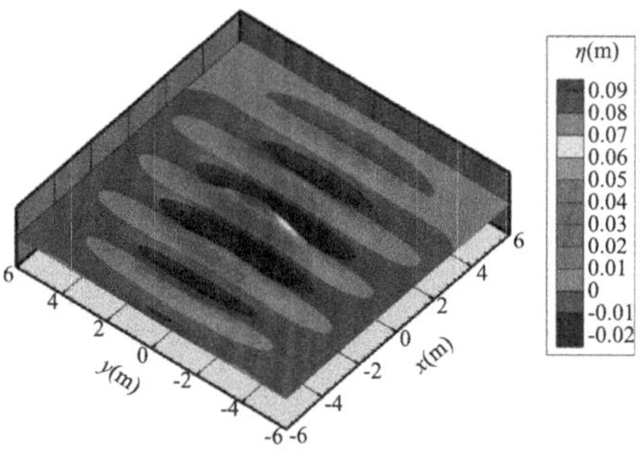

(e) $s=50$

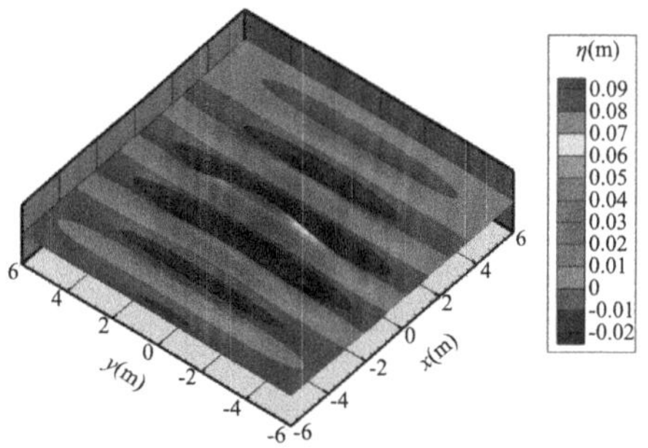

(f) $s=100$

图 5.11　聚焦波幅为 0.09 m 情况下 $t=35$ s 时刻波面侧视图

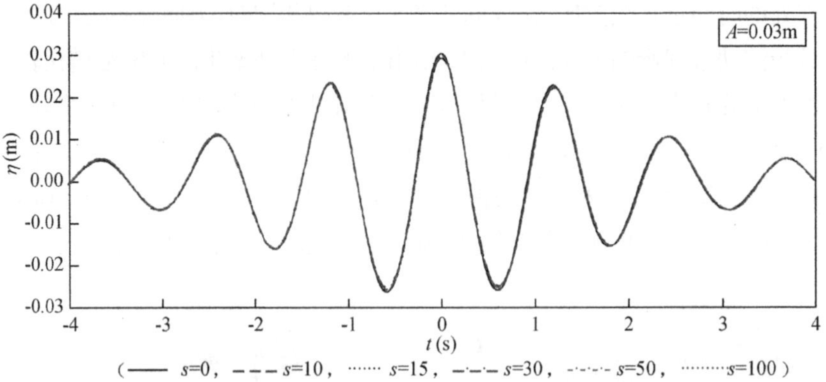

图 5.12　A=0.03 m,聚焦点处不同方向分布集中度波浪波面过程线对比

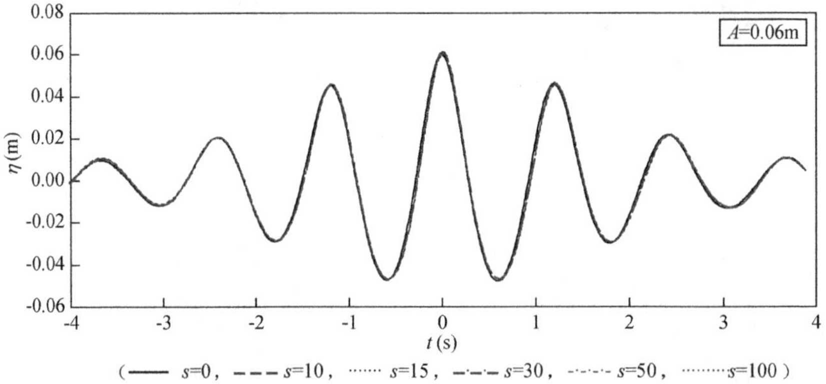

图 5.13　A=0.06m,聚焦点处不同方向分布集中度波浪波面过程线对比

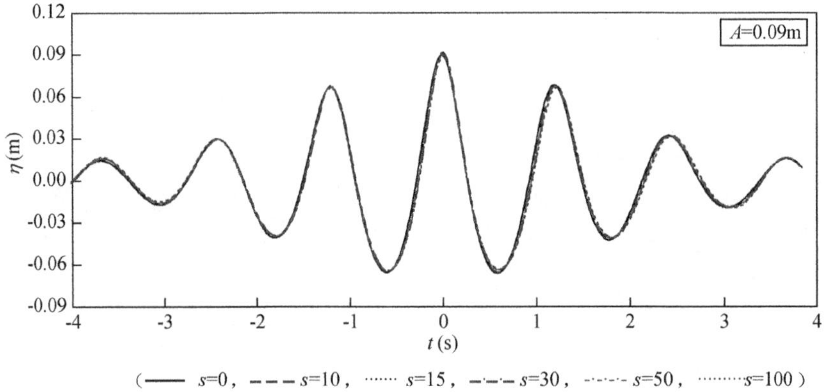

图 5.14　A=0.09m,聚焦点处不同方向分布集中度波浪波面过程线对比

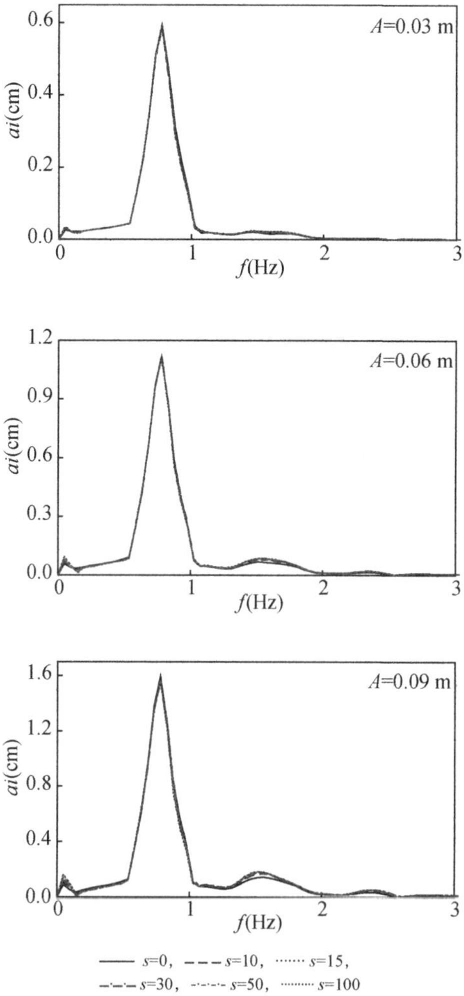

图 5.15 未放圆柱时聚焦点处振幅谱比较

图 5.16 给出了聚焦时刻波浪沿 x 轴的分布。从数值模拟结果可见，对于不同的方向分布参数，尽管峰值相同，但是波浪形状存在较大的差异。随着方向分布集中度参数 s 值的增大，即方向分布变窄，聚焦时刻波浪沿纵向 x 的分布逐渐变窄。与上节多向不规则波所得结论类似，当方向分布集中度参数 s 值较小时，即方向分布较宽时，方向分布对于波浪空间分布的影响较大，但当方向分布集中度参数 s 值大于 30 时，方向分布对波面空间的分布影响变得不明显。

进一步，图 5.17 和图 5.18 分别给出了不同聚焦波幅情况下波浪峰值沿 x 轴和 y 轴的分布情况。由图 5.17 最大波幅沿 x 轴的分布可以看出，随着方向分

布集中度参数 s 的增大，最大波幅分布曲线越为平坦，说明方向分布越集中，聚焦点附近的波浪能量越多，可在更广的范围内达到聚焦波幅值。而由图 5.18 波浪峰值沿 y 轴的分布可以看出，当方向分布集中度参数 $s=0$ 时，最大峰值分布尖而窄，s 值越大，即方向分布越窄，波面沿着 y 轴方向的方向分布越宽。

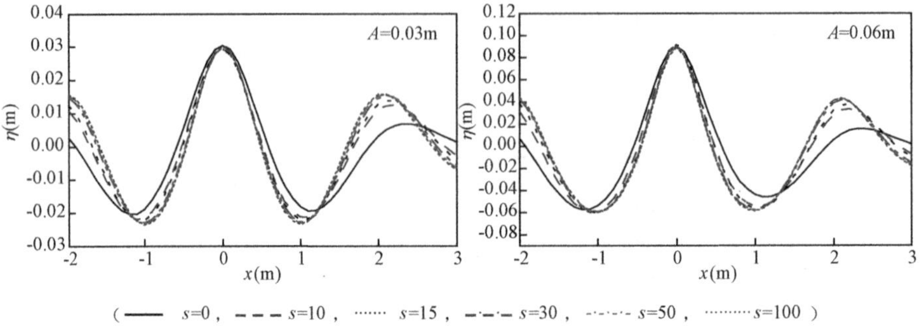

图 5.16　聚焦时刻不同波幅波浪沿 x 轴分布

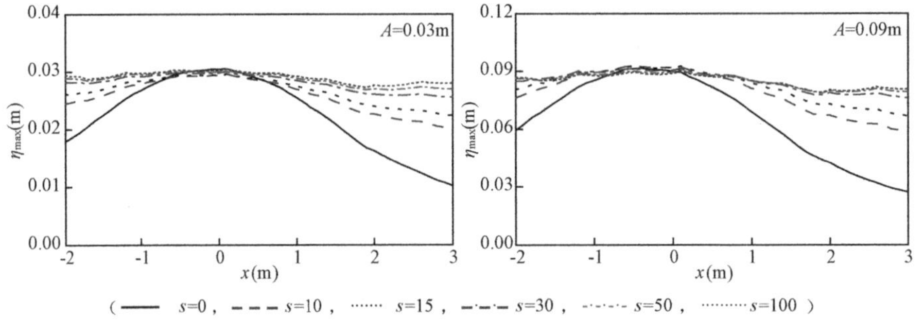

图 5.17　不同聚焦波幅波浪峰值沿 x 轴分布

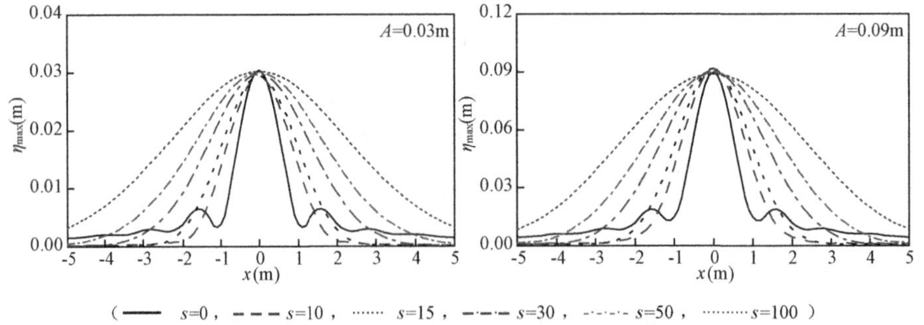

图 5.18　不同聚焦波幅波浪峰值沿 y 轴分布

5.4 多向聚焦波与独立圆柱作用的研究

在了解多向聚焦波的一些特性后，继续对多向聚焦波浪与独立圆柱的作用进行了模拟研究，主要考查不同方向分布集中度和圆柱直径对波浪涌高的影响。

在前文中所用的计算区域中放入圆柱，直径分别为 $D=0.4$ m、0.8 m、1.2 m、1.6 m 和 2.0 m，即相对直径分别为 $D/L_P=0.2$、0.4、0.6、0.8、1.0（L_P 为对应谱峰频率的波长），圆柱圆心分别位于(0.2 m,0.0 m)、(0.4 m,0.0 m)、(0.6 m,0.0 m)、(0.8 m,0.0 m)和(1.0 m,0.0 m)，以使圆柱迎浪面位于聚焦位置。图 5.19 为圆柱附近区域网格划分和用于定义圆柱表面位置的 α 角的示意图。

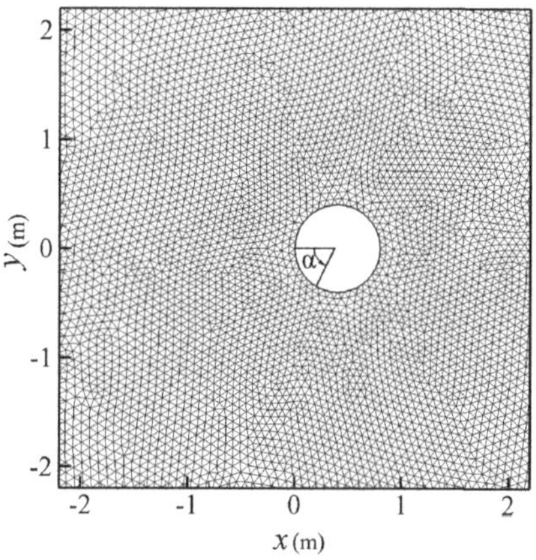

图 5.19 圆柱周围网格划分以及 α 角定义

图 5.20 和图 5.21 分别为聚焦波幅 $A=0.09$ m，圆柱直径 $D=1.2$ m（$D/L_p=0.6$）情况下在 $t=35.0$ s 和 $t=35.5$ s 时刻波面侧视图。由图可见，在圆柱迎浪面处波浪达到最大值，圆柱周围具有明显的波浪绕射现象，同时方向分布集中度参数 s 的变化，即方向分布对于波浪在圆柱表面的爬高有较大的影响。

图 5.22 给出了多向聚焦波浪作用于不同直径圆柱时最大波幅沿 x 轴分布图，由图可见，随着圆柱直径的增大，波浪爬高有增加的趋势，当圆柱直径大于 1.2 m 时（$D/L_p=0.6$），在圆柱迎浪面处的波幅接近于入射波幅的 2 倍。在圆柱迎浪面处，不同方向分布波浪发生的爬高变化不大，但在圆柱背浪面处，波浪爬高具有明显的不同，说明不同方向分布集中度波浪对同一直径圆柱的绕射程

度不同。在距离圆柱较远处，不同方向分布集中度波浪的最大波幅区别较大，并且方向分布集中度参数 s 越小，即波浪的方向分布越宽，波浪相对宽而平；相反，方向分布集中度参数 s 越大，即波浪的方向分布越窄，波浪波面分布尖而窄，说明方向分布越宽，则波浪有平均化的趋势。

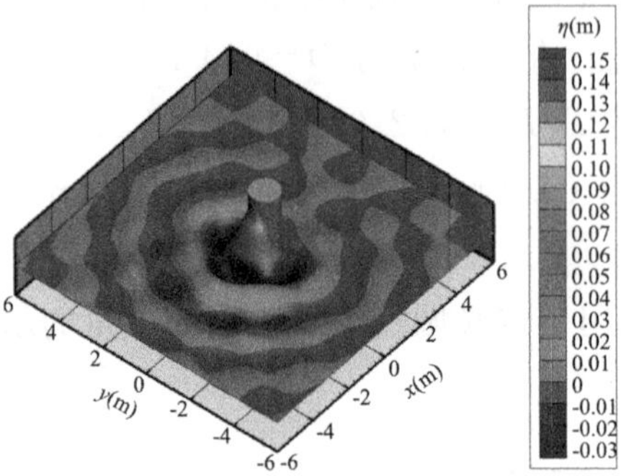

(a) $s=0$

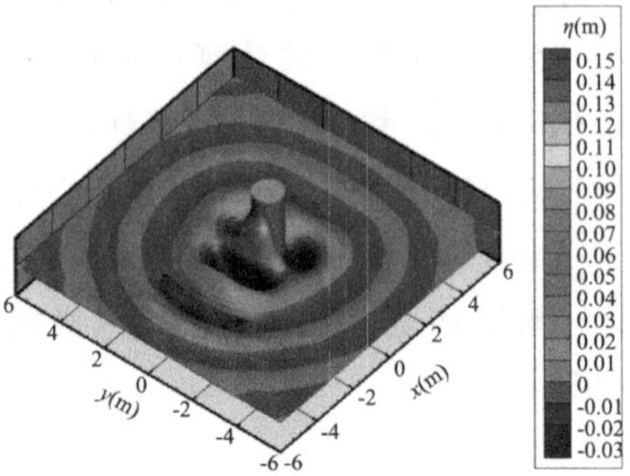

(b) $s=10$

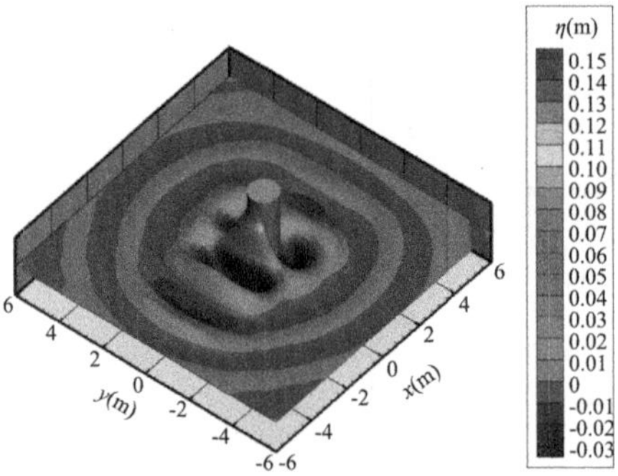

(c) $s=15$

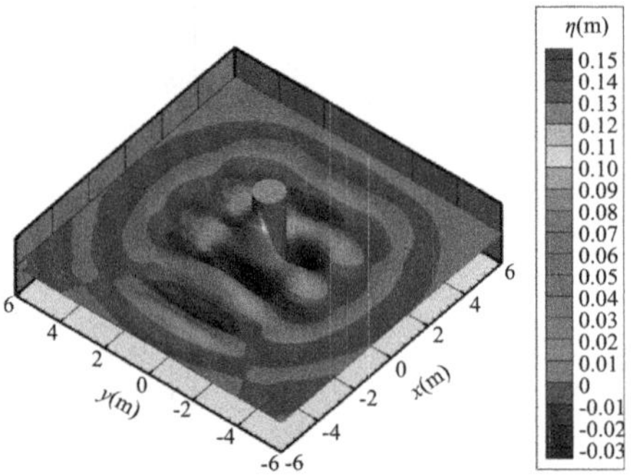

(d) $s=30$

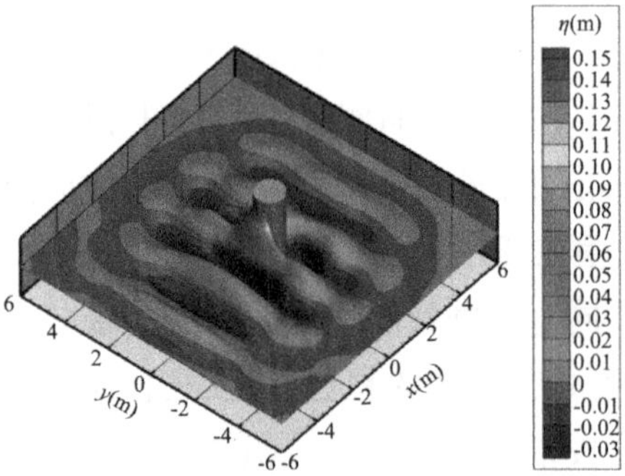

(e) $s=50$

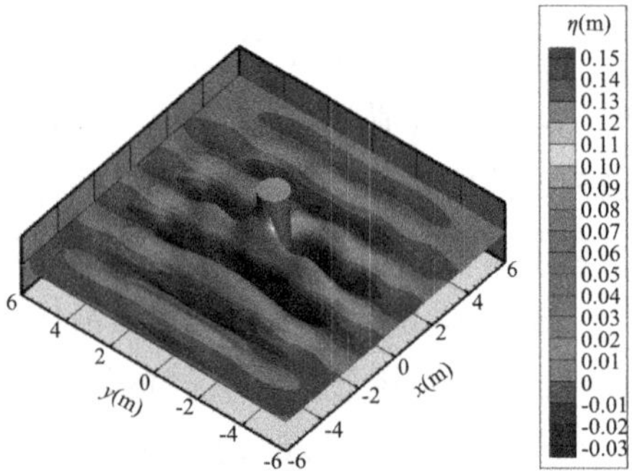

(f) $s=100$

图 5.20　$A=0.09$ m，$D=1.2$ m 情况下在 $t=35.0$ s 时刻聚焦波与圆柱作用情况

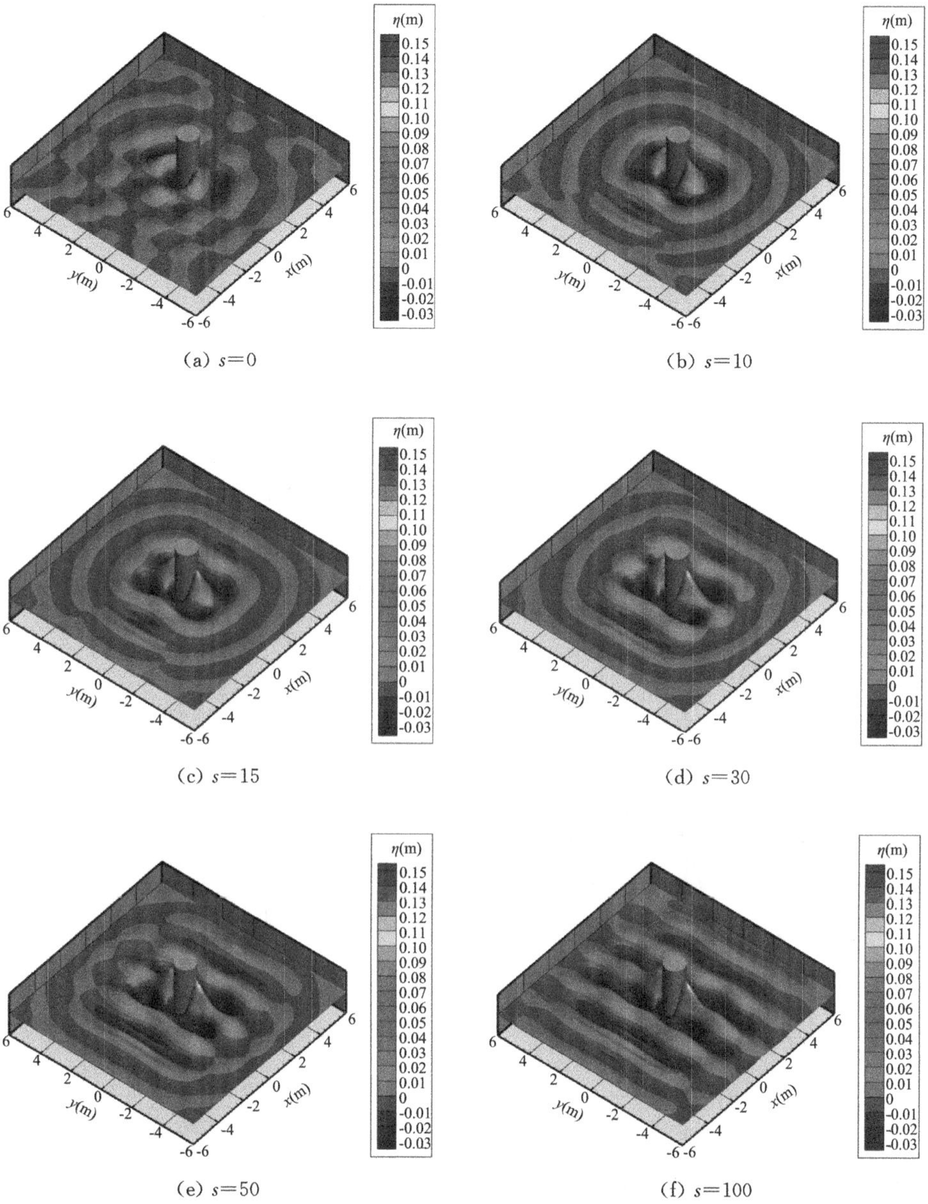

图 5.21　A=0.09 m,D=1.2 m 情况下在 t=35.5 s 时刻聚焦波与圆柱作用情况

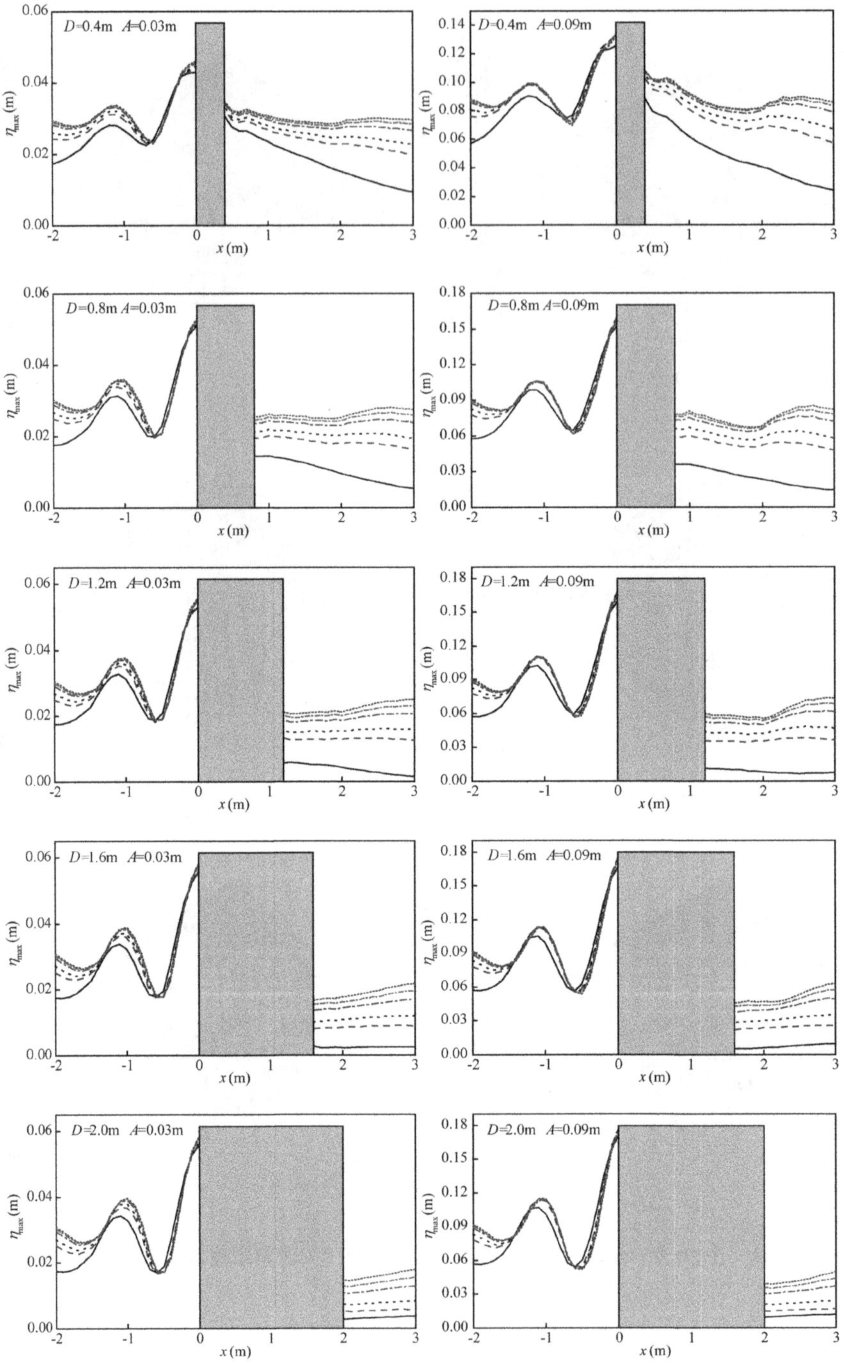

（—— s=0，– – – s=10，······ s=15，–·–·– s=30，-·-·-· s=50，········· s=100）

图 5.22　不同情况下最大波幅沿 x 轴分布图

图 5.23～图 5.27 分别给出了不同方向分布集中度多向聚焦波浪与不同直径圆柱作用情况下，聚焦点处振幅谱的比较，可见随着圆柱直径和聚焦波幅的增加，谱值有所增加，但是同一直径圆柱前不同方向分布集中度聚焦波浪的频谱之间差别不大，这也与图 5.22 表现出的迎浪面波幅变化不大的结论是一致的。对于一阶和二阶波浪，由于圆柱对于波浪的反射作用，放入圆柱后谱值均较未放圆柱时有所增加。随着聚焦波幅的增加，二阶波浪能量也有所增加，这与放入圆柱前得到的结论是相同的。

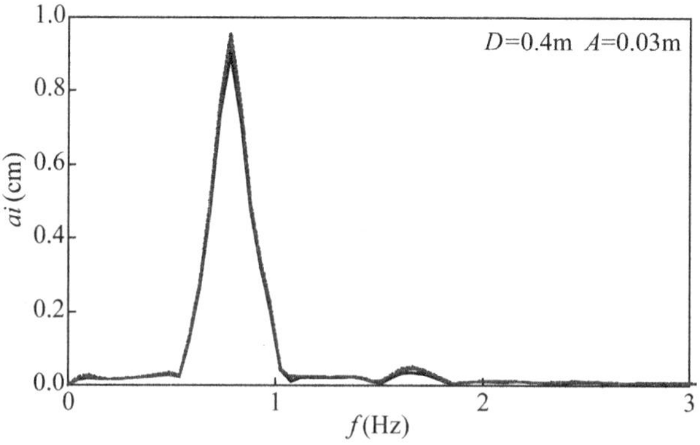

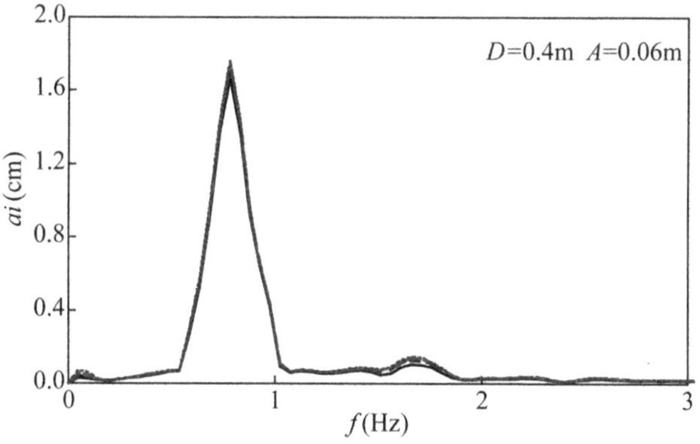

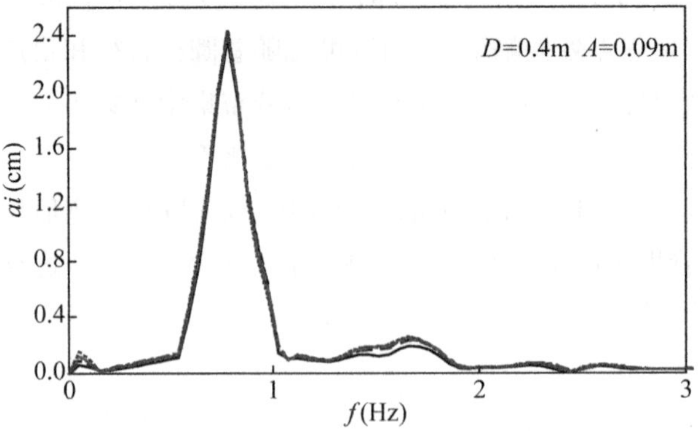

(—— s=0, - - - s=10, ······ s=15, -·-·- s=30, -··-··- s=50, ········· s=100)

图 5.23 D=0.4 m 情况聚焦点处振幅谱比较

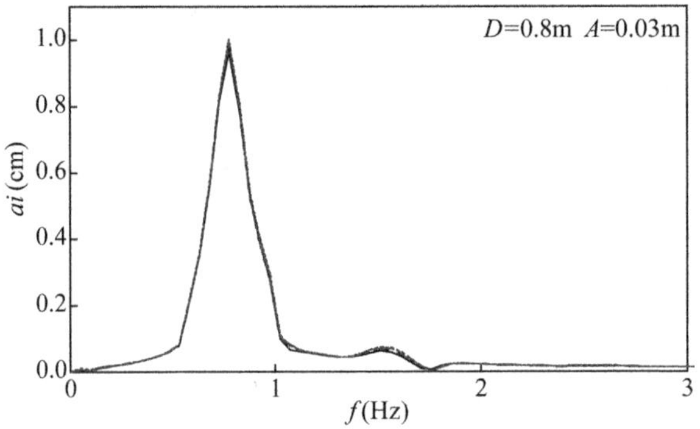

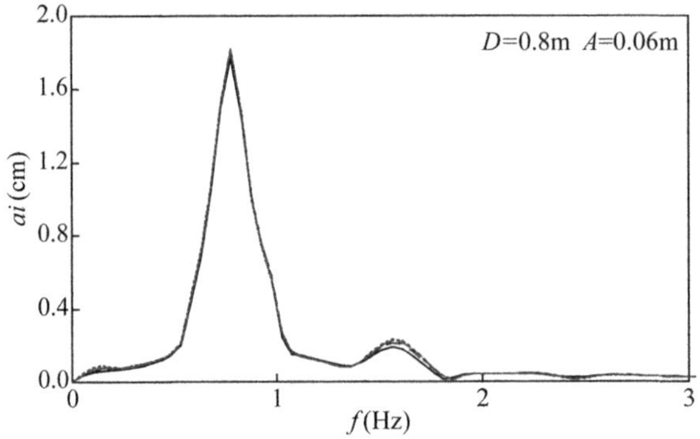

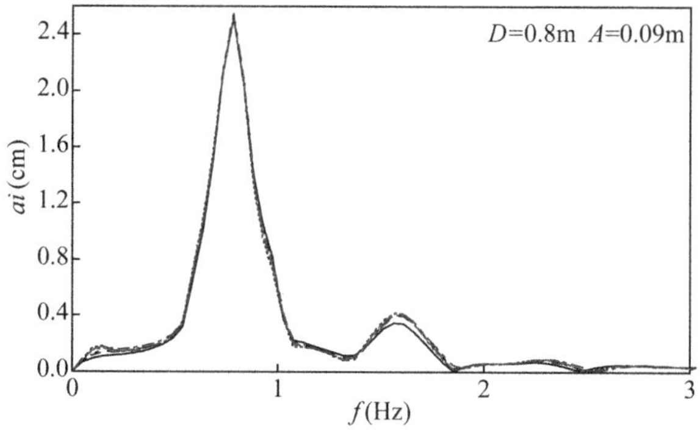

（—— s=0，- - - s=10，······s=15，— - — s=30，-·-·-·- s=50，·········s=100）

图 5.24 D=0.8 m 情况聚焦点处振幅谱比较

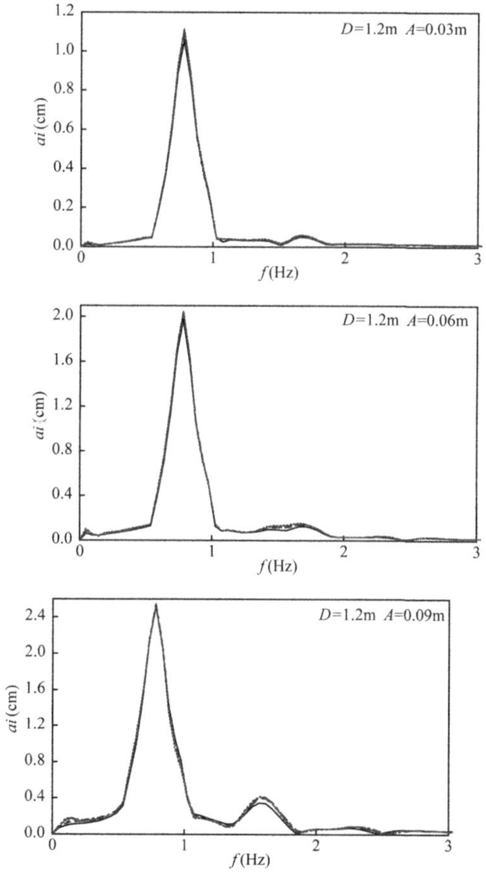

（—— s=0，- - - s=10，······s=15，— - — s=30，-·-·-·- s=50，·········s=100）

图 5.25 D=1.2 m 情况聚焦点处振幅谱比较

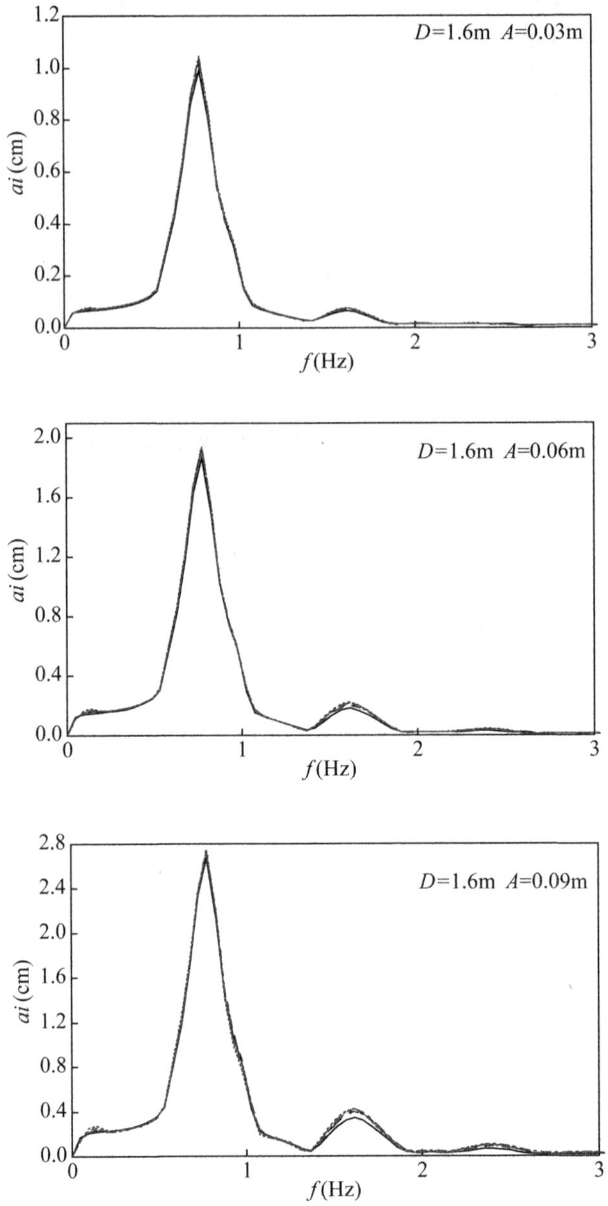

(—— s=0, - - - s=10, ······ s=15, -·-·- s=30, -··-·· s=50, ······ s=100)

图 5.26 D=1.6 m 情况聚焦点处振幅谱比较

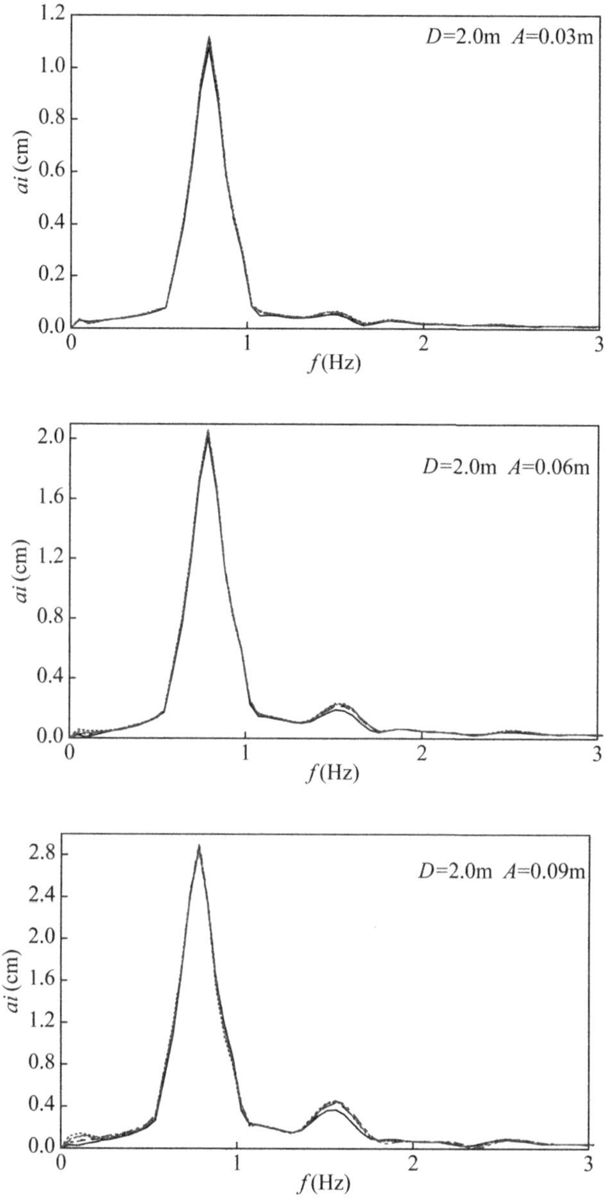

（—— s=0，- - - s=10，······ s=15，-·-·- s=30，-··-··- s=50，·········· s=100）

图 5.27　*D*=2.0 m 情况聚焦点处振幅谱比较

为了定量地分析不同方向分布集中度参数和圆柱直径对波浪爬高的影响，定义反映圆柱周围波浪涌高变化的参数 R_{fcu}，具体表达式定义为：

$$R_{fcu}=\frac{\eta_{om}-\eta_o}{\eta_o} \tag{5.18}$$

与式(4.1)中不同，此处 η_o 为未放圆柱时波面最大值，η_{om} 则为放入圆柱后同一位置波面最大值。

2 种不同聚焦波幅，5 种不同直径的圆柱情况下波浪爬高随方向分布集中度参数 s 的变化情况如图 5.28 和图 5.29 所示。图中结果表明，涌高随着方向分布集中度参数 s 的增大而增加，当圆柱直径大于 1.6 m($D/L_p=0.8$)时，多向聚焦波浪与圆柱的作用类似于直墙前的波浪。在圆柱迎浪面处($\alpha=0°$)的涌高值大于在圆柱背面各点处的涌高值。但是，在 $\alpha=135°$ 和 $\alpha=180°$ 点处的涌高随着圆柱直径的增大而逐渐减小，出现这一现象是因为多向聚焦波浪沿着 y 轴方向从聚焦点处向外逐渐减小，即使 s 取值很大波面也仍然成弧形而无法像单向波浪那样沿着 y 轴等值分布而波面平坦。总体来说，随着方向分布集中度参数值的增大，圆柱周围的涌高增大，但是增大的幅度却随着方向分布集中度参数的增大逐渐减小，也就是说波浪方向分布越窄，涌高越大，方向分布越宽，涌高越小。但是当方向分布集中度参数 s 取值大于 30 时，方向分布集中度参数 s 的变化对涌高影响较小，几乎可以忽略。

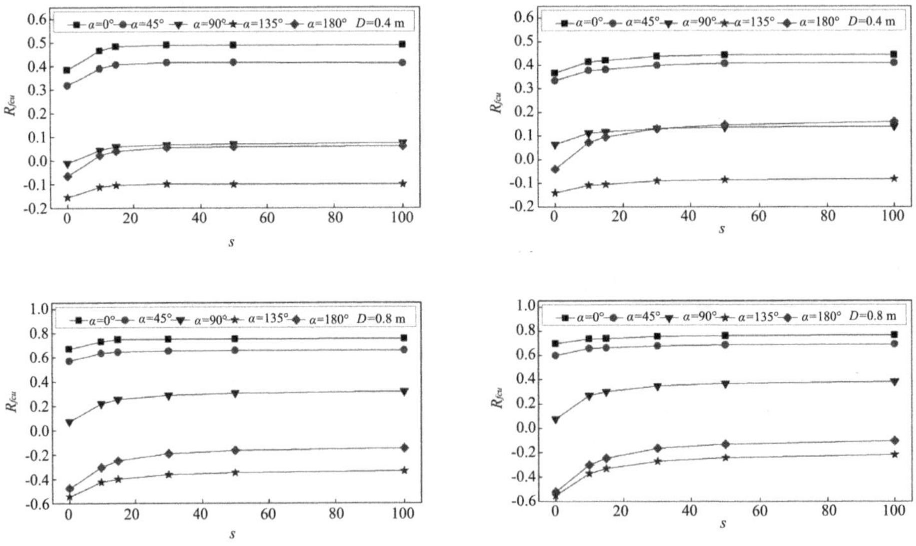

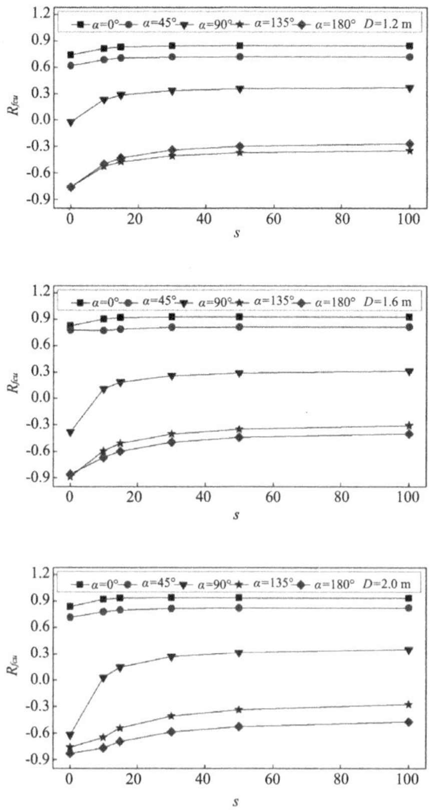

图 5.28　A=0.03 m,不同集中度涌高变化曲线

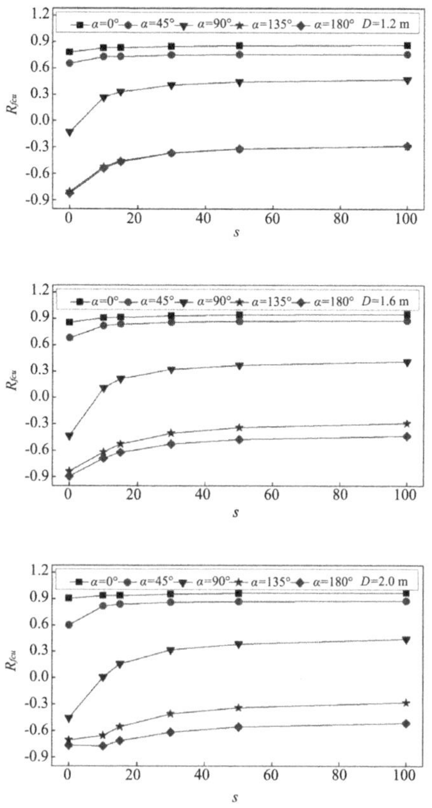

图 5.29　A=0.06 m,不同集中度涌高变化曲线

5.5　小结

本节利用所建立的波浪传播数值计算模型,引入了可产生聚焦波的入射边界条件,对于多向聚焦波及其与独立圆柱的作用进行了模拟研究,可得如下基本结论:

(1) 数值模拟结果与单向和多向聚焦波试验结果对比,说明本书模型可以很好地模拟聚焦波浪,对于研究不同直径和不同方向分布集中度参数对波浪分布和涌高的影响,本书模型是适用的。

(2) 波浪方向分布集中度参数 s 对多向聚焦波浪波面宽度影响较大,当方向分布集中度参数 s 较小,即方向分布较宽时,相同的聚焦波幅的聚焦波波面呈现出较尖较窄的形状。同时,波浪方向分布集中度参数 s 较小时,方向分布对于波面的空间分布影响较大，但是当方向分布集中度参数大于 30 时，方向分布对波面空间的分布影响变得不明显。

(3) 多向聚焦波浪在传播过程中可以产生明显的二阶波浪，并且多向聚焦波浪的波幅越大，波浪的非线性越强。

(4) 多向聚焦波与独立圆柱作用时，随着圆柱直径的增大，波浪爬高有增加的趋势。涌高随着方向分布集中度参数 s 的增大而增加，当圆柱直径大于1.6 m ($D/L_p=0.8$)时，多向聚焦波浪与圆柱的作用类似于直墙前的波浪。

(5) 总体来说，随着方向分布集中度参数值的增大，圆柱周围的涌高增大，但是增大的幅度却随着方向分布集中度参数的增大逐渐减小，也就是说波浪方向分布越窄，涌高越大，方向分布越宽，涌高越小。但是当方向分布集中度参数 s 取值大于 30 时，方向分布集中度参数 s 的变化对涌高影响较小，几乎可以忽略。

(6) 圆柱前聚焦波浪的一阶和二阶能量均较未放圆柱时有所增加，同样随着聚焦波幅的增加，二阶波浪能量也有所增加。

6

多向聚焦波浪与群墩结构作用的模拟研究

作为海上建筑物的常见结构形式，圆柱群墩结构越来越多地得到应用，也越来越多地遭到波浪、海啸、台风等的袭击破坏。在本章中，将对多向聚焦波与该类群墩结构作用进行模拟分析，研究不同方向分布多向聚焦波浪对群墩结构的影响。

6.1 多向聚焦波域内产生方法

考虑到群墩结构对波浪的反射作用较大，为避免入射边界二次反射波浪的影响，本节计算采用域内生成波浪的方法。由式(3.15)和式(5.7)可知，在(x_b，y_b)点，t_b时刻聚焦的域内造波函数可以表示为：

$$F(x,y,t)=\sum_{m=1}^{M_f}\sum_{j=1}^{N_\theta}\frac{D(\omega_m,\ \theta_j)}{\omega_m}\exp[-\sigma(x-x_s)]\cdot \tag{6.1}$$
$$\cos[k_{mj}(x\cos\theta_j+y\sin\theta_j)-\omega_m(t-t_b)-k_{mj}(x_b\cos\theta_j+y_b\sin\theta_j)]$$

$$D(\omega_i,\theta_j)=\frac{2\omega_i a_{ij}}{gI_1k_i^3h}\left(\omega_i^2-\frac{\beta gk_i{}^4h^3}{3}\right) \tag{6.2}$$

$$I_1=\sqrt{\frac{\pi}{\sigma}}\exp\left(-\frac{k_i^2\ \cos^2\theta_j}{4\sigma}\right) \tag{6.3}$$

式中：σ 等取值参见式(3.6)；组成波波幅 a_{ij} 的确定可参见 5.1 节。

6.2 多向聚焦波与群墩作用的模拟分析

本节所用数值计算区域以及模型布置区域如图 6.1 和图 6.2 所示，常水深

h 仍取为 0.5 m，水池四周均布置宽度为 2.0 m 的海绵层用以吸收波浪，域内造波线位于 $x=-7.0$ m 处。图 6.1 中矩形框所示区域为群墩模型布置位置，本节所考虑的群墩布置主要分为两大类，如图 6.2 所示，第一类为 A 型布置(0°布置，$\theta_p=0°$)，即 1 号圆柱与 4 号圆柱中心连线与 x 轴夹角为 0°；第二类布置为 B 型布置(45°布置，$\theta_p=45°$)，即 1 号圆柱与 4 号圆柱中心连线与 x 轴夹角为 45°，P_0 和 P_{45} 分别表示 A、B 型布置 1 号圆柱迎浪面($\alpha=0°$)。对于这两种布置，分别考虑了不同圆柱直径和群墩布置位置的情况，列于表 6.1 中，其中 R_p 为圆柱半径，C_p 为群墩中心处坐标，图 6.3 给出了各种布置情况群墩和聚焦点(位于坐标原点)的相对位置情况。多向聚焦波浪的聚焦波幅为 0.06 m 和 0.09 m，方向分布集中度参数 s 取为 0、5、10、30、50 和 100。

表 6.1　不同布置相关参数

布置	夹角 θ_p (°)	半径 R_p (m)	群墩中心 C_p (m)	布置	夹角 θ_p (°)	半径 R_p (m)	群墩中心 C_p (m)
A01	0	0.375	(0.0,0.0)	B01	45	0.375	(0.0,0.0)
A02	0	0.50	(0.0,0.0)	B02	45	0.50	(0.0,0.0)
A03	0	0.75	(0.0,0.0)	B03	45	0.75	(0.0,0.0)
A11	0	0.375	(0.75,0.0)	B11	45	0.375	(1.060 7,0.0)
A12	0	0.50	(1.0,0.0)	B12	45	0.50	(1.414 2,0.0)
A21	0	0.375	(1.125,0.0)	B21	45	0.375	(1.435 7,0.0)
A22	0	0.50	(1.5,0.0)	B22	45	0.50	(1.914 2,0.0)

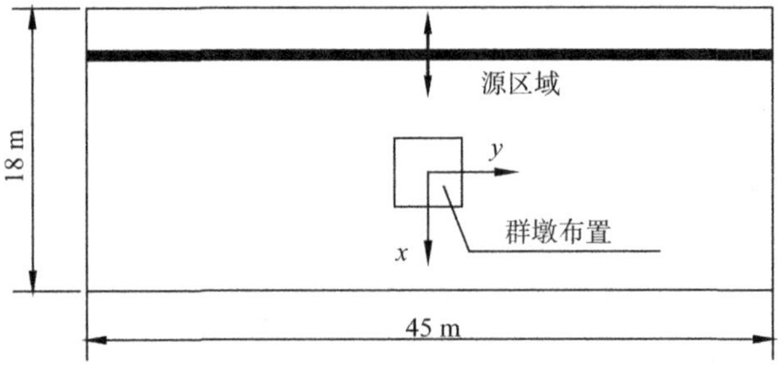

图 6.1　计算区域与模型布置区域示意图

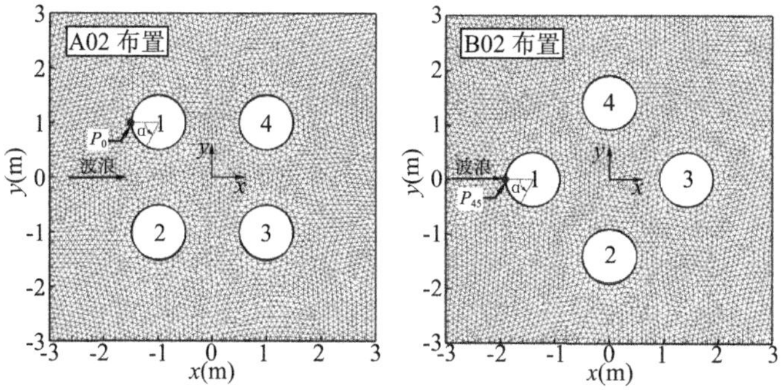

图 6.2　A02 和 B02 布置情况下群墩周围单元划分及 α 角定义

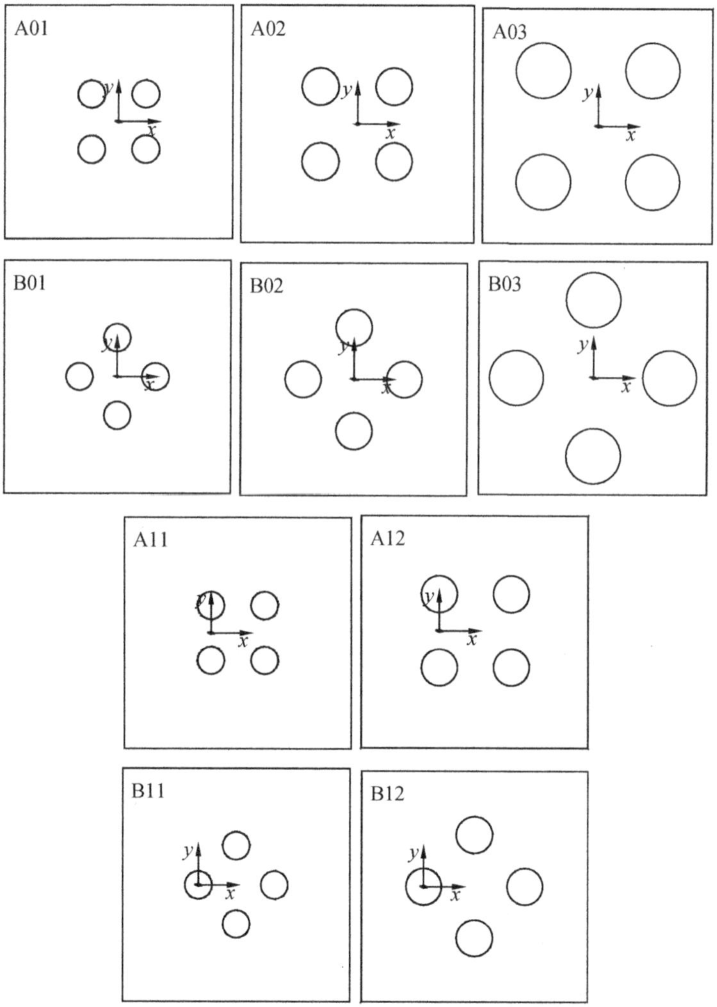

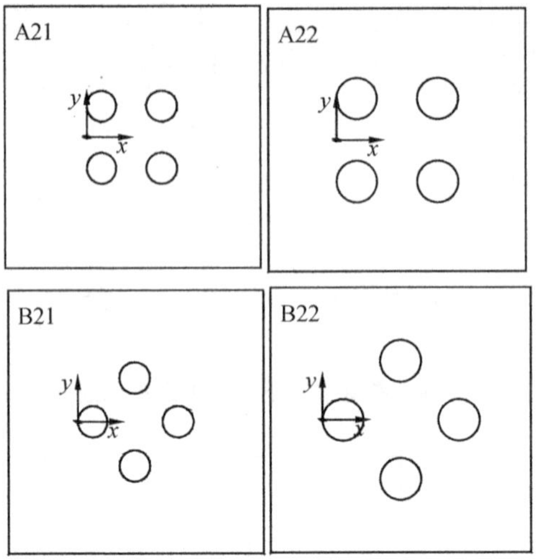

图 6.3 群墩和聚焦点相对位置关系

作为示例，图 6.4 给出了方向分布集中度参数 $s=30$ 时 A、B 型布置情况下对应聚焦时刻的波面分布图。图 6.4a 为未放入群墩情况的多向聚焦波浪在聚焦时刻的波面图，波幅从聚焦点处向四周随着距离的增加而逐渐减小。对于 A01、B01 布置，聚焦点位于群墩中心，由于圆柱掩护的影响，使得这两种布置情况在聚焦时刻的波幅要远小于其他情况。对于 A11、A21 布置，聚焦点位于第一排圆柱附近，并且这两种布置与聚焦点相对位置变化不大，因此波形变化也不大，对于 B11、B21 布置可得到相同结论。

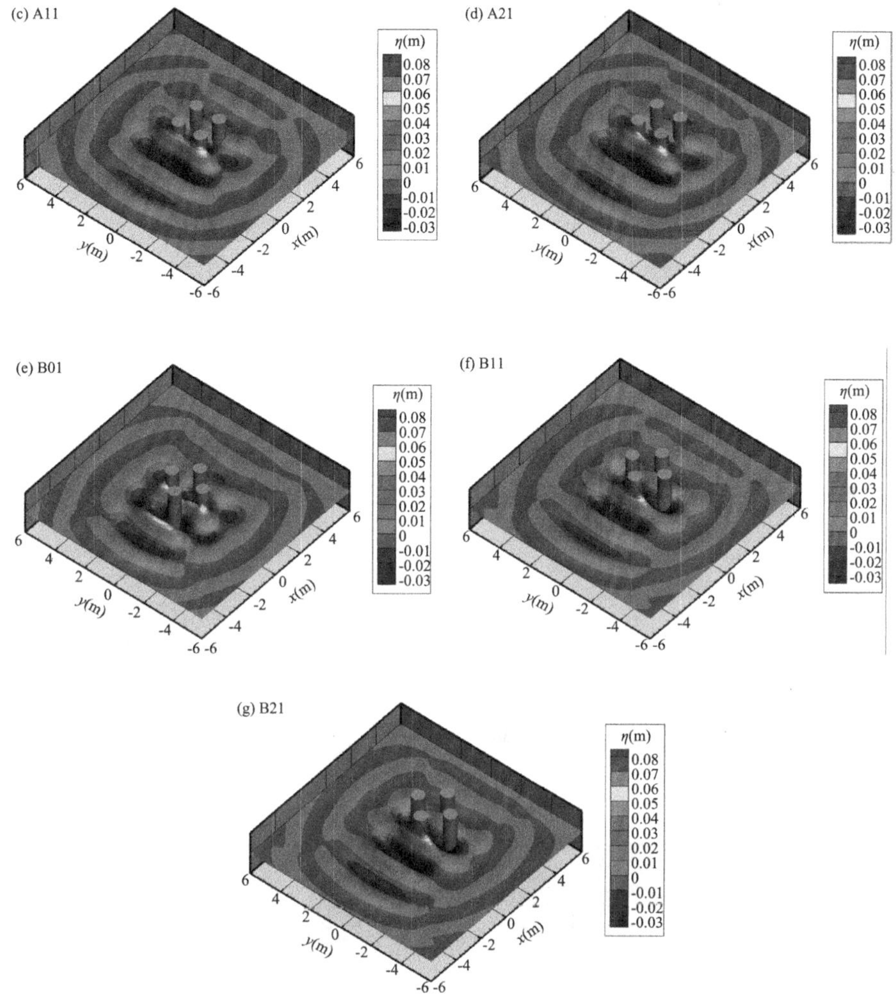

图 6.4　$s=30$ 时几种布置情况下对应聚焦时刻的波面图

由于多向聚焦波为非均匀波浪场，因此本节主要研究了计算区域内的最大波幅的分布及变化情况。图 6.5 给出两种布置情况下 $s=30$ 时无因次化最大波幅（$\eta_{\max}/A$）的分布。对于 A01～A03 布置，群墩区域内部最大波幅值随着圆柱直径增大而逐渐向后侧偏移，说明当圆柱直径增大时，间距同时增大使得较多的波浪能量能够传播至聚焦点（即群墩中心）处。对于 B01～B03 布置，在群墩内部最大波幅的峰值随着圆柱直径的增大而逐渐向群墩后方移动，其原因是因为随着圆柱直径的增大，其对波浪的掩护作用逐渐加强，波浪只能经过绕射后传播至圆柱后方，即群墩内。

对于 A21 和 A22 布置，因为聚焦点位于前排圆柱(1、2 号圆柱)之前，由于圆柱对波浪的反射作用影响导致前排圆柱周围最大波幅值随着圆柱直径增大而增大，而对于后排圆柱来说，前面的圆柱对波浪起到了掩护作用，从而随着圆柱直径的增大使得后一排圆柱周围波浪有所减小。

对于 B21 和 B22 布置，相对于 B01～B02 布置来说，1 号圆柱周围的最大波幅随着圆柱直径的增加而增大，但是其他圆柱周围最大波幅却减小，原因在于 B21 和 B22 布置时聚焦点位于 1 号圆柱迎浪面上，因此 1 号圆柱周围波浪较大，但是在聚焦点以后，聚焦波幅逐渐减小，从而使得 2、3、4 号圆柱周围波浪比 B01、B02 布置时小。

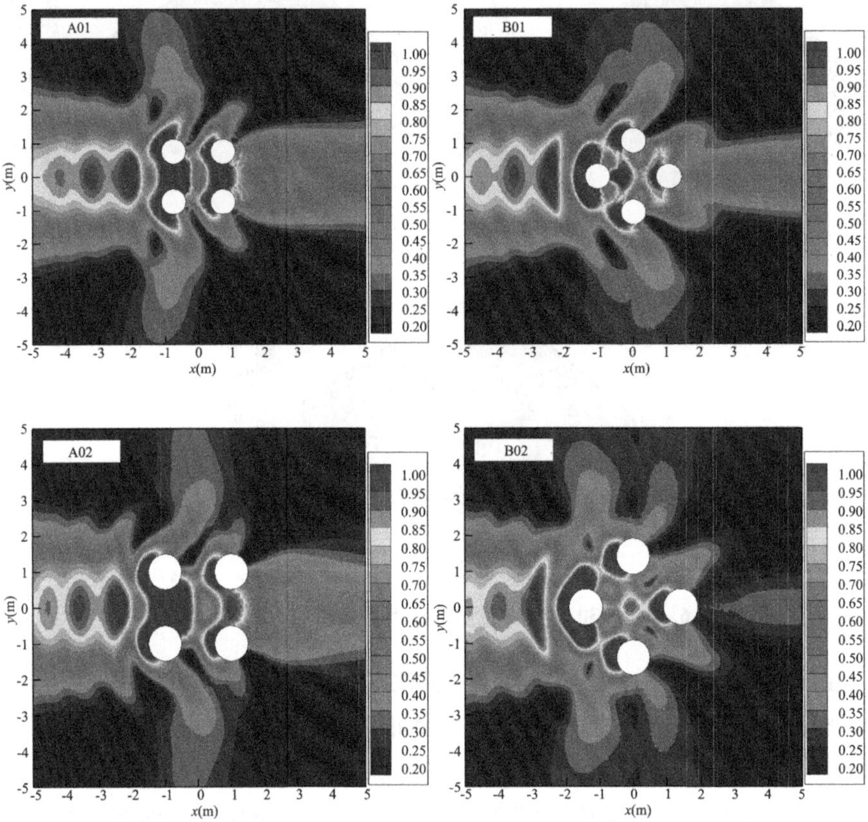

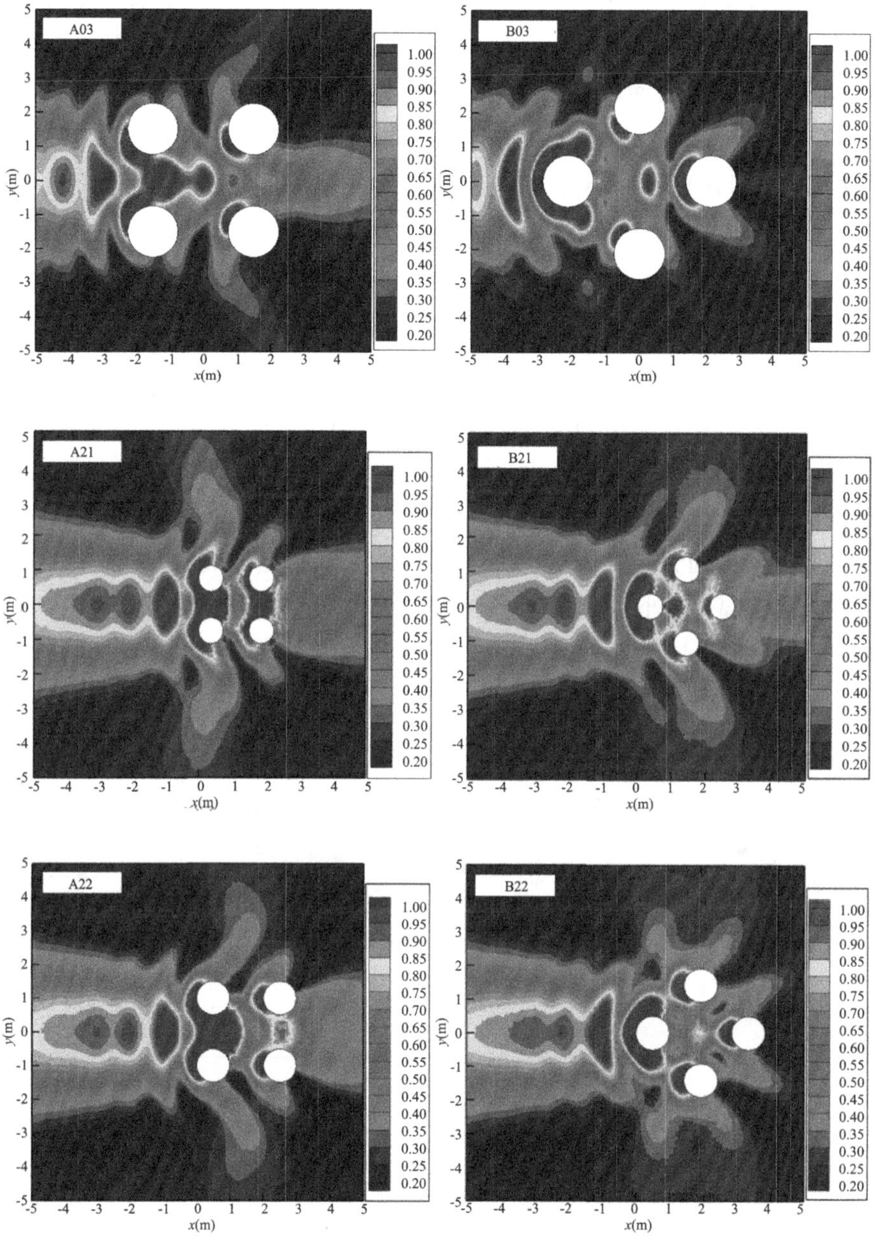

图 6.5　s=30 时无因次化最大波幅分布图

图 6.6 给出了两种布置形式，不同聚焦波幅情况下，1 号圆柱迎浪面处无因次化最大波幅分布随方向分布集中度参数的变化。可见在几乎所有的布置情况下，最大波幅均有随着方向分布集中度参数 s 增大而增加的趋势，这一趋势当

$s<30$ 时，对于聚焦点位于群墩中心的几种情况更为明显。同时，对于不同波幅，变化趋势几乎一致。以 $A=0.06$ m 情况为例，对于 B01、B02 和 B03 布置，聚焦点位于 1 号圆柱后面，当方向分布集中度参数 $s<15$ 时，最大波幅的排序为 B01>B02>B03。原因是当方向分布较宽时，分布于多个方向的波浪汇集于圆柱迎浪面，当圆柱直径较小时，可有不同方向波浪聚焦于 P_{45} 点处。但是对于 B03 布置，圆柱直径变大，使得不同多向波浪不易聚焦于 P_{45} 点处。

总体来讲，当 $s>30$ 时，最大波幅随着方向分布集中度参数 s 的变化不大，趋于稳定。所以当方向分布集中度参数 $s>30$ 时，可近似忽略方向分布对于圆柱周围波浪涌高的影响。

由图 6.5 可以看出，对于 B 类布置的 1 号圆柱，波面分布关于 x 轴对称，因此图 6.7 中给出了 B 类布置中 1 号圆柱上 5 个点的无因次化最大波幅随方向分布集中度参数 s 的变化。由图可见，$\alpha=0°$处为最不利点。在 $\alpha=45°$和 $\alpha=90°$点，最大波幅随着方向分布集中度参数 s 的增加而增大。由于圆柱的掩护作用，在 $\alpha=135°$点处波幅值最小，但是因为波浪的绕射和反射影响，导致在 $\alpha=180°$点处波幅比在 $\alpha=135°$点处大。同样，当方向分布集中度参数 s 值大于 30 时，波浪的方向分布对于波浪的涌高影响不大。

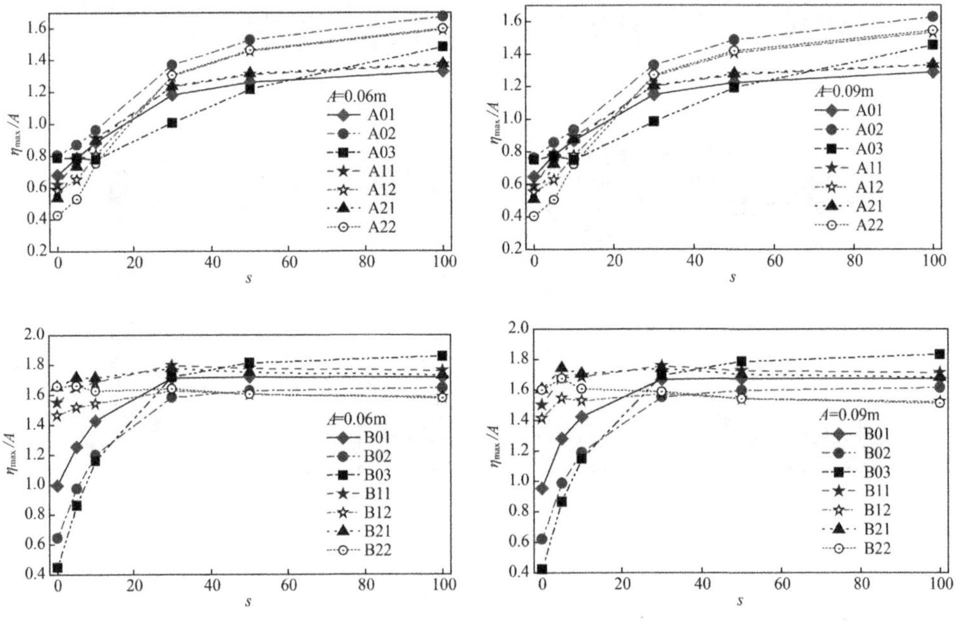

图 6.6 不同聚焦波幅情况下 1 号圆柱迎浪点 P_0 和 P_{45} 处 $s=30$ 无因次化最大波幅分布随集中度变化

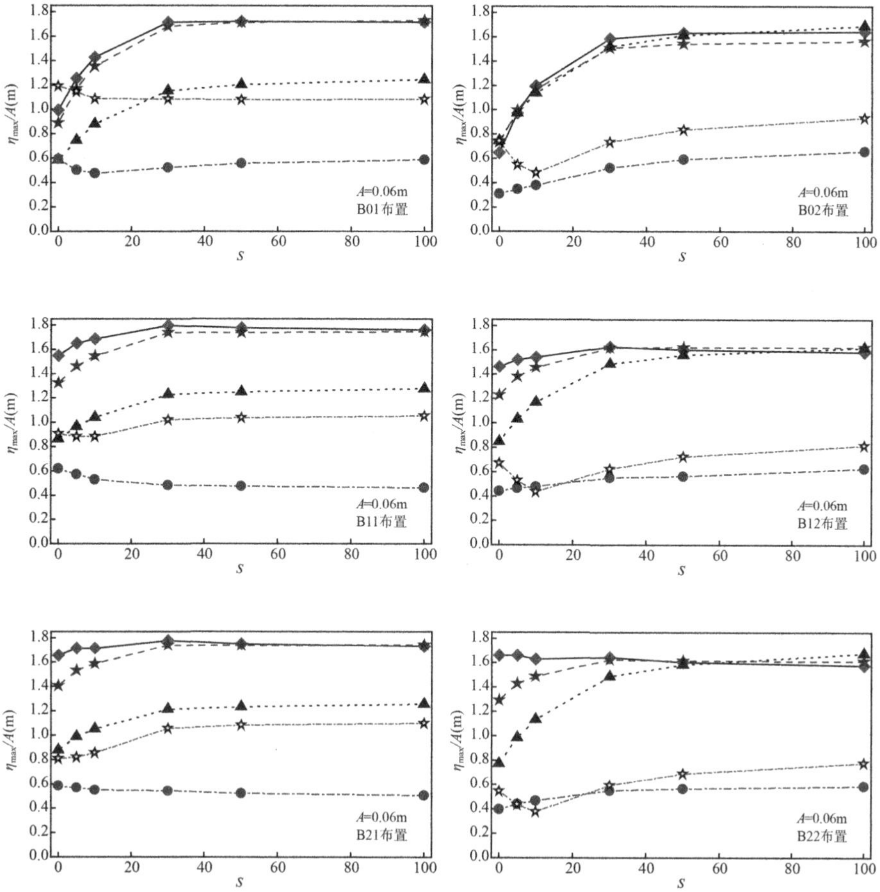

(—◆— α=0°，—★— α=45°，⋯▲⋯α=90°，-·-●-·- α=135°，-·☆-· α=180°)

图 6.7　A＝0.06m 时，几种 B 类布置，1 号圆柱不同点处无因次化最大波幅随 s 变化曲线

图 6.8 给出了 A＝0.06 m 时，A 类布置 1 号圆柱上不同点处无因次化最大波幅随方向分布集中度参数的变化。图中结果显示对于所考虑工况，几乎所有点处的最大波幅都随着方向分布集中度参数 s 的增加而增大，但是增大的幅度逐渐降低。总体来说，$s>30$ 时可忽略方向分布对于波浪涌高的影响。对于 A01、A11 和 A21 布置，圆柱间距较小并且聚焦点比较接近 1 号圆柱圆心，所以最大波幅发生在点 $\alpha=90°$处。对于 A02、A12 和 A22 布置，最大波幅发生在 $\alpha=0°$处。圆柱迎浪面处各点的最大波幅大于背浪面处的波幅值。但是由于群墩间的反射影响，圆柱背浪面处的最大波幅值发生在 $\alpha=135°$处。

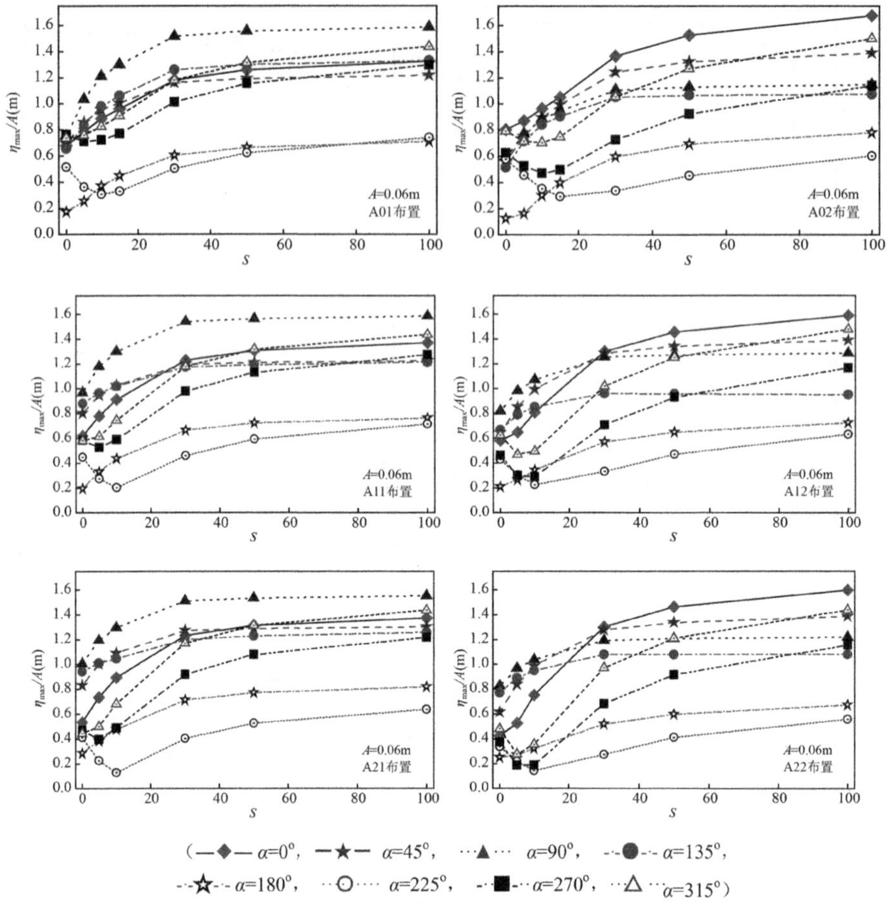

图 6.8　A=0.06 m时,几种布置不同点无因次化最大波幅随方向分布集中度参数变化曲线

图 6.9～图 6.15 分别给出了 A 型布置、不同入射波幅、不同方向分布时聚焦点处波浪的振幅谱,对于聚焦点位于群墩中心的布置 A01、A02 和 A03,当圆柱直径较小,间距较小时,受前排圆柱的掩护作用,群墩中心处一阶波能随着方向分布集中度参数 s 的增大(方向分布越窄)而减小,二阶波能却随 s 的增大而增大。但是当圆柱直径较大时,圆柱间距也较大,一阶波能随着 s 的增大而增大。虽然二阶波能亦随着 s 的增大而增大,但相对来讲,二阶波能所占比重变小。其原因是,圆柱间距较小时,圆柱间相互影响较大,使得二阶波能较大。而由 A11、A12 和 A21、A22 布置结果可以看出,随着聚焦位置的前移,方向分布对于聚焦波浪能量的影响逐渐减小,尤其 A21、A22 布置情况,由于聚焦点位于前排柱子的前沿,使得方向分布对于聚焦波浪的能量的影响变得很小。

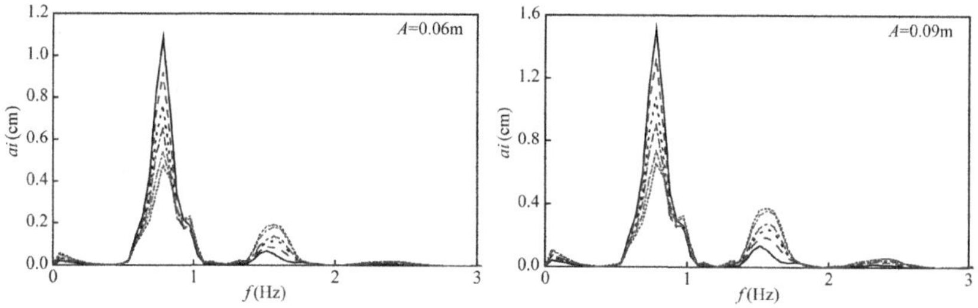

（—— s=0， - - - s=5， ……s=10， -·-·- s=30， -··-··- s=50， ……… s=100）

图 6.9　A01 布置聚焦点处振幅谱比较

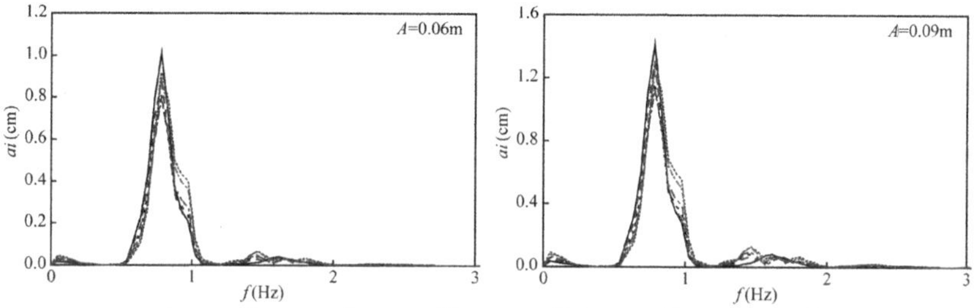

（—— s=0， - - - s=5， ……s=10， -·-·- s=30， -··-··- s=50， ……… s=100）

图 6.10　A02 布置聚焦点处振幅谱比较

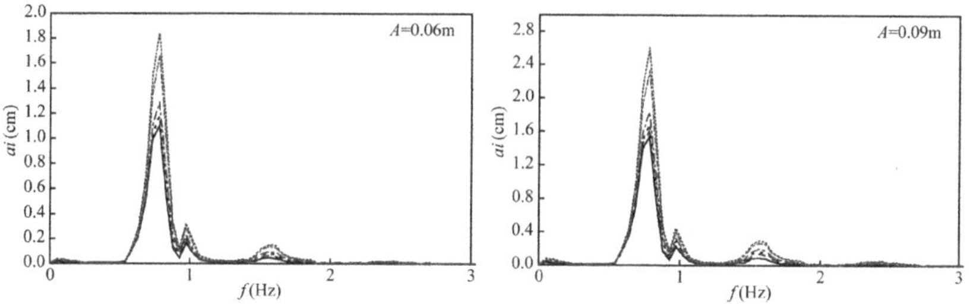

（—— s=0， - - - s=5， ……s=10， -·-·- s=30， -··-··- s=50， ……… s=100）

图 6.11　A03 布置聚焦点处振幅谱比较

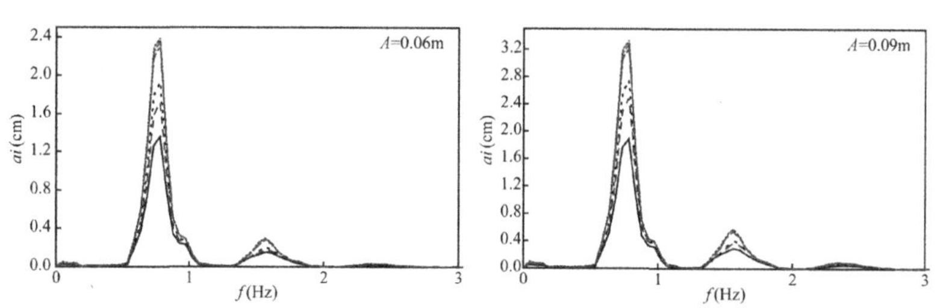

（—— s=0， - - - s=5， ……s=10， -·-·- s=30， -··-··- s=50， ……… s=100）

图 6.12　A11 布置聚焦点处振幅谱比较

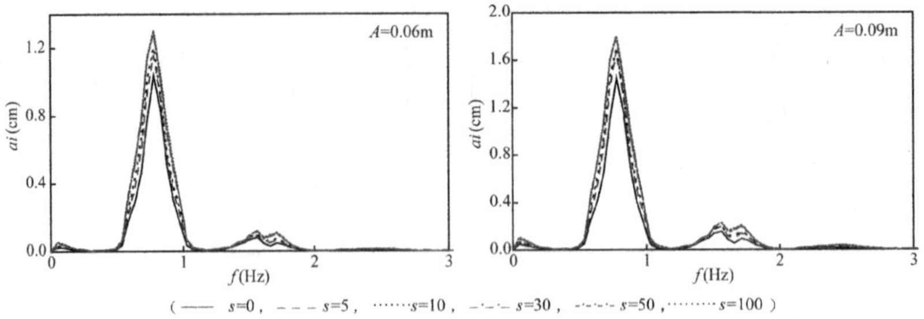

图 6.13　A12 布置聚焦点处振幅谱比较

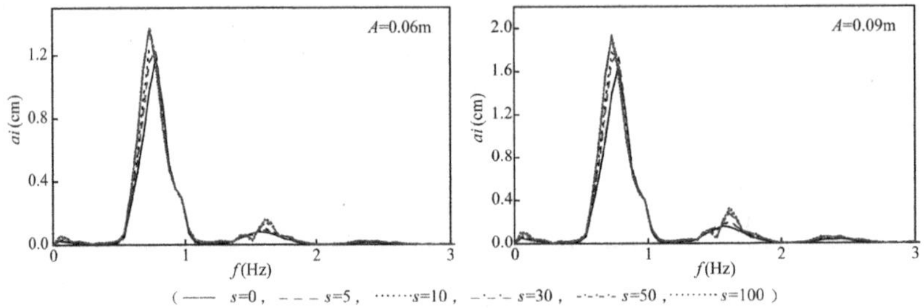

图 6.14　A21 布置聚焦点处振幅谱比较

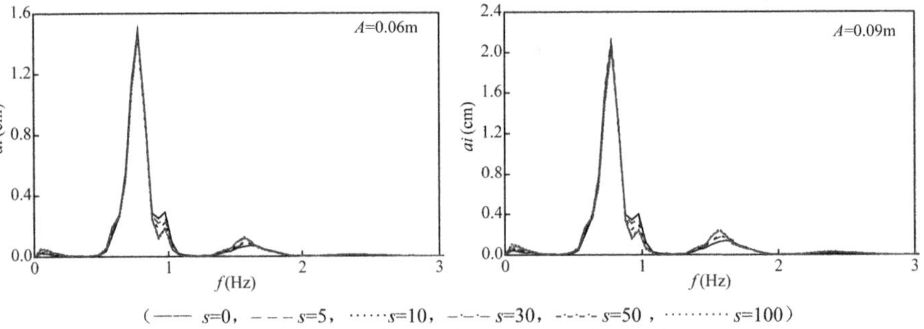

图 6.15　A22 布置聚焦点处振幅谱比较

同样，图 6.16～图 6.20 分别给出了 B 型布置时聚焦点处波浪的振幅谱。B 型布置相当于 A 型布置围绕中心旋转了 45°。对于 B01、B02 和 B03 布置，随着圆柱直径的增大，波浪的方向分布对于聚焦点处波浪能量的影响有减小的趋势，二阶能量的减小更为显著。

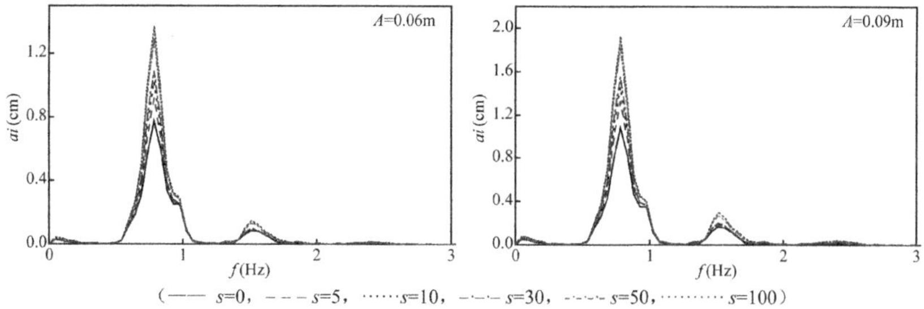

图 6.16　B01 布置聚焦点处振幅谱比较

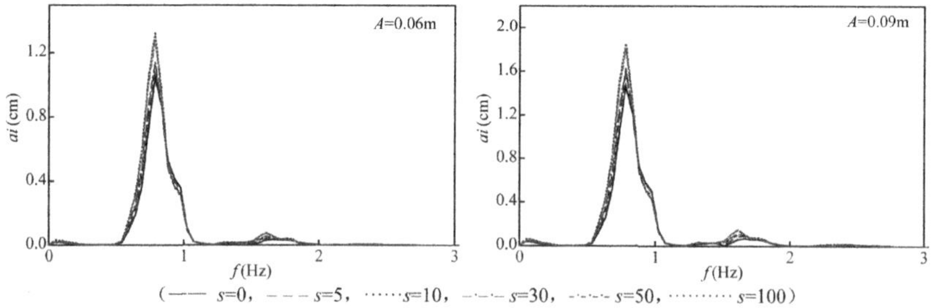

图 6.17　B02 布置聚焦点处振幅谱比较

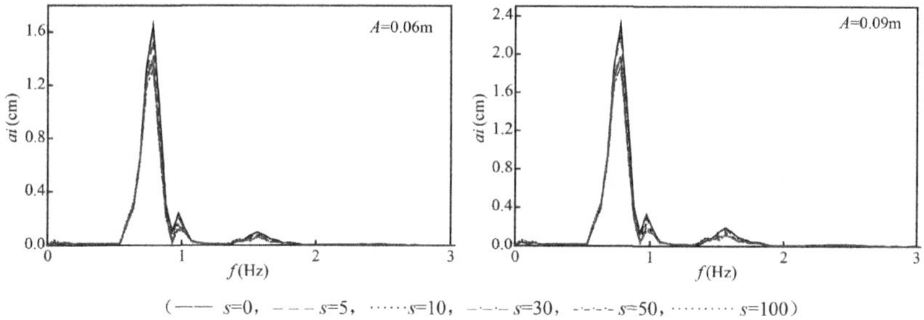

图 6.18　B03 布置聚焦点处振幅谱比较

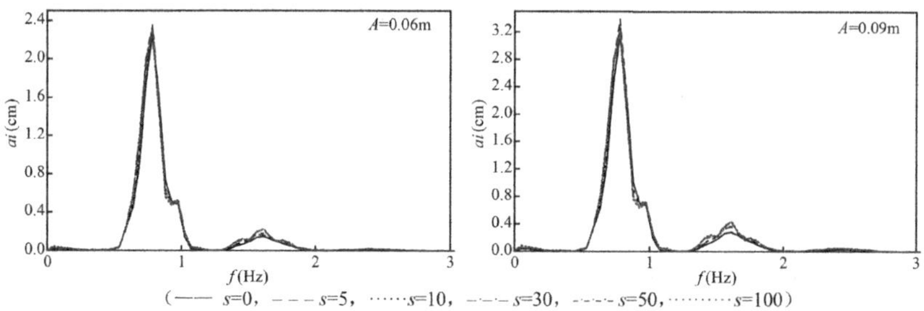

图 6.19　B21 布置聚焦点处振幅谱比较

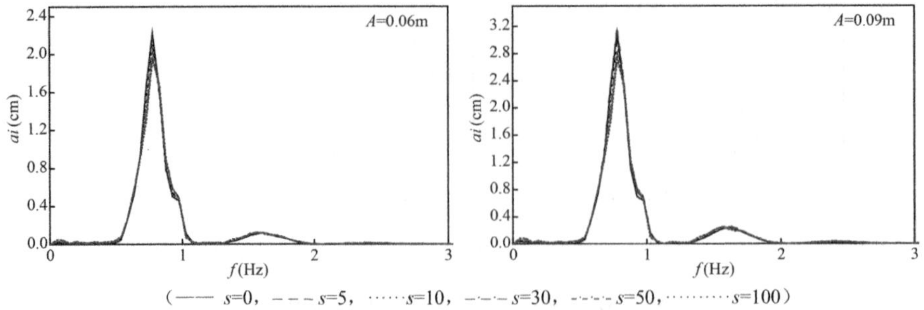

图 6.20　B22 布置聚焦点处振幅谱比较

另外，由于 B01、B02 布置时 1 号圆柱对于波能聚焦具有掩护作用，使得群墩中心处的波能比 A01、A02 布置时的小，但是 B03 布置情况下群墩中心处波能较 A03 布置有所增加，分析原因是对于 A 类布置，1、2 号圆柱间的反射对整体群墩中心的波浪影响显著，但是对于 B 类布置，则波浪对于 1 号圆柱的绕射作用对群墩中心的波浪分布影响更大，B03 布置情况时，1 号圆柱直径对波浪的掩护作用明显，使得传至群墩中心处的波浪有所减少。对于 B21、B22 布置，在聚焦点处不同方向分布集中度之间波浪能量区别不大，对这种布置 1 号圆柱对聚焦点处波浪影响较大，类似于波浪与独立圆柱情况，波浪能量的差别应该是受侧翼圆柱的影响。

综合 A 型和 B 型布置时聚焦点处的振幅谱结果可以看出，总体来讲，类似于最大的波幅分布，方向分布对于聚焦点振幅谱的影响随着方向分布集中度参数 s 的增大而逐渐减小，亦可认为，当 s 大于 30 时，其影响可以近似忽略。

6.3　小结

本章利用所建立的数值计算模型模拟了多向聚焦波与群墩的作用情况，主要研究了方向分布集中度、不同群墩布置对群墩周围波浪分布的影响。可以得到如下基本结论：

(1) 总体来说，群墩内最大波幅均有随着方向分布集中度参数 s 增大而增加的趋势，但是增幅逐渐减小。总体来讲，当方向分布集中度参数 s 取值大于 30 时，方向分布集中度参数 s 的变化对波浪分布影响较小，几乎可以忽略。

(2) 由于多向聚焦波与群墩结构作用的复杂性，聚焦波浪作用时群墩周围最大波浪分布取决于群墩布置相对于聚焦点的位置、墩的直径等，两种布置圆柱周围波浪的分布有明显的差别。

(3) 当波浪方向分布集中度参数 s 较小，即方向分布较宽时，对于 A 类布置，由于波浪聚焦点的位置位于纵向两列墩的中间位置，群墩内的波浪大小随方向分布的变宽而减小，但是对于 B 类布置，由于 1 号圆柱的掩护作用，群墩内的波浪主要为绕射波浪，但亦有部分斜向波浪成分可以传播至群墩内，使得其波浪分布复杂得多，在特定直径群墩情况下，当方向分布较宽时群墩内的波浪亦可较大。但是总体来讲，相同大小聚焦波浪作用时，波浪方向分布集中度参数较小时的波浪小于方向分布集中度参数较大时的波浪。

(4) 多向聚焦波浪作用下，从波面大小而言，对于 A 类布置，最不利点位于 1 号圆柱 $\alpha=45°$ 处，而对于 B 类布置，该最不利点位于 $\alpha=0°$ 处。同时该不利点亦取决于群墩布置与聚焦点的相对位置，具体应用时应予以注意。

(5) 群墩内聚焦波浪的能量分布同样与群墩与聚焦点的相对位置、群墩直径以及布置方式有关，其变化与上述最大波幅分布类似，但是二阶波浪能量变化相对比较复杂，应予以特别注意。总体来讲，方向分布对于聚焦点振幅谱的影响随着方向分布集中度参数 s 的增大而逐渐减小，亦可认为，当 s 大于 30 时，其影响可以近似忽略，可知若以单向聚焦波浪作为对群墩作用的波浪，将会高估波浪的非线性及其对群墩结构的影响情况。

7

结论与展望

7.1 结论

为了更好地模拟不规则边界情况下波浪的传播，本书基于 Beji 和 Nadaoka 得到的改进型 Boussinesq 方程建立了适用于三角形网格的有限元数值计算模型，通过一些经典算例的计算，验证了本书所建立的数值模型的有效性。进一步，利用所建立的数值模型，对多向不规则波和多向聚焦波的波浪传播及其与圆柱或者群墩结构物作用进行了数值模拟研究，得到主要结论如下：

(1) 数值计算模型采用三角形网格的有限元求解方法，适用于复杂边界区域的波浪传播运动。模型中节点上变量的空间一阶导数采用节点周围单元内变量的一阶导数的加权平均来确定，从而使模型可以采用线性单元求解方程中的三阶空间导数项。求解方程采用迭代法，在编程中采用索引存储法，只存储二维矩阵中的非零元素，可大量节省计算机的内存，使得模型能够模拟较大区域的波浪传播。

(2) 数值计算对全反射边界进行了有效处理，尤其对于与坐标轴斜交的边界，采用坐标转换的方法，建立了边界切向方程，使得在该类边界点处只需要求解切向的动量方程便可较精确地计算边界处波浪沿水深的平均速度(u,v)值，提高波浪传播的模拟精度。典型算例的计算结果表明，这样的处理是有效的。

(3) 域内造波法的引入使得本书模型可以更好地模拟波浪与大尺度结构物之间的相互作用，可有效避免造波边界处的波浪二次反射对于计算区域波浪的影响。典型算例结果证明，域内造波法对于产生规则波、不规则波和多向不规则波等波浪是有效的。

(4) 多向不规则波浪与群墩作用的数值模拟结果表明,波高影响参数值 R 受方向分布集中度参数 s 的影响较大,也就是说,方向分布对于多向不规则波作用下群墩的波浪有较大的影响,随着方向分布集中度参数 s 的减小,即方向分布越宽,R 值逐渐增大。也就是说方向分布宽度越大,群墩区域附近的波高也越高,多向波会对圆柱产生较单向波更大的影响。但当方向分布集中度参数 $s>30$ 时,方向分布对于波高分布的影响较小。

(5) 给出了可以产生多向聚焦波浪的入射边界条件,进一步对于多向聚焦波浪及其与独立圆柱的作用进行了数值模拟研究。数值模拟结果与单向和多向聚焦波浪的试验结果对比,表明本书模型可较好地模拟聚焦波,模型亦可以适用于波浪对圆柱结构作用的计算研究。

(6) 对于多向聚焦波浪,当方向分布集中度参数 s 取值较小,即方向分布范围较宽时,相同的聚焦波幅的聚焦波波面呈现出较尖较窄的形状。多向聚焦波浪在传播过程中可以产生明显的二阶波浪,并且多向聚焦波浪的波幅越大,波浪的非线性越强。波浪方向分布集中度参数 s 较小时,方向分布对于波面的空间分布影响较大,但是当方向分布集中度参数大于 30 时,方向分布对波面空间的分布影响变得不明显。

(7) 多向聚焦波与独立圆柱作用的模拟研究结果表明,随着圆柱直径的增大,波浪爬高有增加的趋势。涌高随着方向分布集中度参数 s 的增大而增加,当圆柱直径较大时,比如 $D/L_p>0.8$ 时,多向聚焦波的涌高值可以接近 1.0,此时多向聚焦波浪与圆柱的作用类似于直墙前的波浪。同时,圆柱前聚焦波浪的一阶和二阶能量均较未放圆柱时有所增加,同样随着聚焦波幅的增加,二阶波浪能量也有所增加。但是总体来讲,与多向不规则波与群墩结构作用的计算结果类似,当方向分布集中度参数 s 取值大于 30 时,方向分布集中度参数 s 的变化对涌高的影响较小,方向分布的影响可以忽略。

(8) 多向聚焦波与群墩作用的模拟研究结果表明,由于多向聚焦波与群墩结构作用的复杂性,聚焦波浪作用时群墩周围最大波浪分布取决于聚焦点相对于群墩的位置、墩的直径等,因此多向聚焦波浪与群墩作用时的涌高变化相对比较复杂。总体来说,大部分区域的最大波幅均有随着方向分布集中度参数 s 增大而增加的趋势,但是增幅逐渐减小,当 s 取值大于 30 时,方向分布的影响较小。

(9) 多向聚焦波与群墩作用时群墩内聚焦波浪的能量分布同样与群墩与聚

焦点的相对位置、群墩直径以及布置形式有关，其变化与上述最大波幅分布类似，但是二阶波浪能量变化相对比较复杂，应予以特别注意。总体来讲，方向分布对于聚焦点振幅谱的影响随着方向分布集中度参数 s 的增大而逐渐减小，同样亦可认为，当 s 大于 30 时，其影响可以近似忽略。

7.2 展望

基于 Beji 和 Nadaoka 于 1996 年得到的改进型的 Boussinesq 方程，本书采用非结构网格，建立了有限元数值计算模型。通过对全反射边界的特殊处理使得所建立模型能够应用于较复杂边界情况的数值模拟，并对多向波和多向聚焦波浪与群墩作用进行了研究，但仍有一些问题需要进一步深入研究。

(1) 本书所建立模型未考虑波浪传播过程底部摩擦和波浪破碎，因此模型有待于进一步扩展。

(2) 本书模型尽管可以模拟一些区域内波浪传播特性，但对于较大区域内波浪传播问题尚存在模拟时间过长等缺陷，目前高性能计算机得到了进一步发展，并行计算也得到一些应用，因此本书所建立模型可以考虑引入并行计算从而使得大范围区域内波浪的模拟成为可能。

(3) 关于波浪与群墩作用，本书主要考查了不同方向分布对群墩周围波浪分布的影响，目前仅考虑了为数不多的几种波浪要素及群墩布置情况，今后可以考虑更为全面的波浪参数以及群墩布置形式，总结一些符合工程需要的规律性结论，为实际应用提供参考。

参考文献

[1] BOUSSINESQ J. Theory of wave and swells propagated in long horizontal rectangular canal and imparting to the liquid contained in this canal [J]. Journal de Mathématiques Pures et Appliquées, 1982, 17(2): 55-108.

[2] PEREGRINE D H. Long waves on a beach[J]. Journal of Fluid Mechanics, 1967, 27(4): 815-827.

[3] WITTING J M. A unified model for the evolution nonlinear water waves [J]. Journal of Computational Physics, 1984, 56(2): 203-236.

[4] MADSEN P A, SØRENSEN O R. A new form of the boussinesq equations with improved linear dispersion characteristics. Part 2: A slowly-varying bathymetry[J]. Coastal Engineering, 1992, 18(3-4): 183-204.

[5] MADSEN P A, MURRAY R, SØRENSEN O R, et al. A new form of the boussinesq equations with improved linear dispersion characteristics [J]. Coastal Engineering, 1991, 15(4): 371-388.

[6] BEJI S, NADAOKA K. A formal derivation and numerical modelling of the improved boussinesq equations for varying depth[J]. Ocean Engineering, 1996, 23(8): 691-704.

[7] BEJI S, NADAOKA K, et al. Authors' reply to discussion of schaffer and madsen on 'a formal derivation and numerical modelling of the improved boussinesq equations for varying depth'[J]. Ocean Engineering, 1998, 25(7): 497-500.

[8] SCHÄFFER A H, MADSEN A P. Further enhancements of boussinesq-

type equation[J]. Coastal Engineering, 1995, 26(1-2): 1-14.

[9] NWOGU O G. Alternative form of boussinesq equations for nearshore wave propagation[J]. Journal of Waterway, Port, Coastal and Ocean Engineering, 1993, 119(6): 618-638.

[10] 张永刚. 波浪的折射-绕射及反射的数值模拟[D]. 大连:大连理工大学, 1995.

[11] 邹志利. 高阶 Boussinesq 方程的推导[R]. 大连理工大学海岸和近海工程国家重点实验室报告, 1996.

[12] LYNETT P, LIU P L. A two-layer approach to wave modelling[J]. Proceedings of the Royal Society, 2004, 460(2): 2637-2669.

[13] 房克照. 四阶完全非线性 Boussinesq 水波方程及其简化模型[D]. 大连:大连理工大学, 2008.

[14] 林建国,邱大洪,邹志利. 新型 Boussinesq 方程的进一步改善[J]. 海洋学报(中文版), 1998, 20(2):113-120.

[15] 刘忠波, 邹志利, 孙昭晨. 适用于沙坝上 Bragg 反射的二阶 Boussinesq 方程数学模型及其数值验证[J]. 海洋通报, 2009, 28(1): 75-80.

[16] 张洪生, 周华伟, 洪广文. 高阶非线性 Boussinesq 型方程及其数值验证[J]. 水动力学研究与进展(A 辑), 2011, 26(3): 265-277.

[17] AGNON Y, MADSEN P A, SCHÄFFER H A, et al. A new approach to high-order boussinesq models[J]. Journal of Fluid Mechanics, 1999, 399(25): 319-333.

[18] MADSEN P A, BINGHAM H B, LIU H. A new boussinesq method for fully nonlinear waves from shallow to deep water[J]. Journal of Fluid Mechanics, 2002, 462: 1-30.

[19] Madsen P A, Fuhrman D R, Wang B. A boussinesq-type method for fully nonlinear waves interacting with a rapidly varying bathymetry[J]. Coastal Engineering, 2006, 53(5-6): 487-504.

[20] MADSEN P A, BINGHAM H B, et al. Boussinesq-type formulations for fully nonlinear and extremely dispersive water waves: derivation and analysis[J]. Proceedings of the Royal Society A, 2003, 459(2033): 1075-1104.

[21] KIM G, LEE C, SUH K D. Extended boussinesq equations for rapidly varying topography[J]. Ocean Engineering, 2009, 36(11): 842-851.

[22] CHAZEL F, BENOIT M, ERN A, et al. A double-layer boussinesq-type model for highly nonlinear and dispersive waves[J]. Proceedings of the Royal Society A: Mathematical, Physical and Engineering Sciences, 2009, 465(2108): 2319-2346.

[23] BINGHAM H B, MADSEN P A, FUHRMAN D R. Velocity potential formulations of highly accurate boussinesq-type models[J]. Coastal Engineering, 2009, 56(4): 467-478.

[24] WEI G, KIRBY J T, GRILL S T, et al. A fully nonlinear boussinesq model for surface waves. Part 1. Highly nonlinear unsteady waves[J]. Journal of Fluid Mechanics, 1995, 294:71-92.

[25] SKOTNER C, APELT C J. Internal wave generation in an improved two-dimensional boussinesq model[J]. Ocean Engineering, 1998, 26(4): 287-323.

[26] 陈阳，严以新. Boussinesq 方程波浪数学模型的应用[J]. 海洋工程，1999，17(4)：85-94.

[27] 周俊陶，林建国，谢志华. 高阶 Boussinesq 类方程数值求解及试验验证[J]. 海洋工程，2007，25(1)：88-92.

[28] ABBOTT M B, MCCOWAN A D, WARREN I R. Accuracy of short-wave numerical models[J]. Journal of Hydraulic Engineering, 1984, 110(10): 1287-1301.

[29] ABBOTT M B, PETERSEN H M, SKOVGAARD O. On the numerical modeling of short waves in shallow water[J]. Journal of Hydraulic Research, 1978, 16(3): 173-204.

[30] 詹杰民，李毓湘. 求解高阶 Boussinesq 方程数值方法的研究：第十六届全国水动力学研讨会论文集[C]. 北京:海洋出版社,2002.

[31] 吴岩，陶建华. 二维水波数学模型研究[J]. 港工技术，1995，(1)：1-10.

[32] 卢吉，余锡平. 基于 Boussinesq 方程的近岸波流统一模型[J]. 水动力学研究与进展(A 辑)，2008，23(3)：314-320.

[33] RYGG O B. Nonlinear refraction-diffraction of surface waves in intermediate and shallow water[J]. Coastal Engineering, 1988, 12(3):191-211.

[34] WEI G, KIRBY J T. Time-dependent numerical code for extended boussinesq equations[J]. Journal of Waterway, Port, Coastal and Ocean Engi-

neering，1995，121(5)：251-261.

［35］GOBBI M F，KIRBY J T. Wave evolution over submerged sills：tests of a high-order boussinesq model［J］. Coastal Engineering，1999，37（1）：57-96.

［36］洪广文，张洪生. 任意水深变化水域非线性波数值模拟［J］. 海洋工程，1999，17(4)：64-73.

［37］朱良生，洪广文. 任意水深变化 Boussinesq 型方程非线性波数值计算［J］. 海洋工程，2000，18(2)：29-37.

［38］张岩，陶建华. 二维短波方程的差分格式研究［J］. 水动力学研究与进展（A 辑），1989，4(3)：21-28.

［39］陶建华，张岩. 二维非线性浅水波的数值模拟［J］. 海洋学报（中文版），1990，12(1)：91-99.

［40］邹志利，徐本和. 求解 Boussinesq 型水波方程的数值模型：对比与验证：第八届全国海岸工程学术讨论会暨 1997 年海峡两岸港口及海岸开发研讨会论文集［C］. 北京：海洋出版社，1997.

［41］AMBROSI D，QUARTAPELLE L. A taylor-galerkin method for simulating nonlinear dispersive water waves［J］. Journal of Computational Physics，1998，146(2)：546-569.

［42］ANTUNES DO CARMO J S，SEABRA SANTOS F J，BARTHÉLEMY E. Surface waves propagation in shallow water：a finite element model［J］. International Journal for Numerical Methods in Fluids，1993，16(6)：447-459.

［43］KATOPODES N D，WU C T. Computation of finite-amplitude dispersive waves［J］. Journal of Waterway，Port，Coastal and Ocean Engineering，1987，113(4)：327-346.

［44］KAWAHARA M，CHENG J Y. Finite element method for boussinesq wave analysis［J］. International Journal of Computational Fluid Dynamics，1994，2(1)：1-17.

［45］WALKLEY M，BERZINS M. A finite element method for the one-dimensional extended boussinesq equations［J］. International Journal for Numerical Methods in Fluid，1999，29(2)：143-157.

［46］WALKLEY M，BERZINS M. A finite element method for the two-dimensional extended boussinesq equations[J]. International Journal for Numerical Methods in Fluids, 2002, 39(10): 865-886.

[47] LI Y S, LIU S X, YU Y X, et al. Numerical modeling of boussinesq equations by finite element method[J]. Coastal Engineering, 1999, 37 (2): 97-122.

[48] 柳淑学，俞聿修，赖国璋，等. 数值求解 Boussinesq 方程的有限元法[J]. 水动力学研究与进展(A 辑)，2000，15(4)：399-410.

[49] WOO S L F, LIU P. A petrov-galerkin finite element model for one-dimensional fully non-linear and weakly dispersive wave propagation[J]. International Journal for Numerical Methods in Fluids, 2001, 37 (5): 541-575.

[50] WOO S B, LIU P L F. Finite-element model for modified boussinesq equations. Ⅰ: model development[J]. Journal of Waterway, Port, Coastal and Ocean Engineering, 2004, 130(1): 1-16.

[51] WOO S B, LIU P L F. Finite-element model for modified boussinesq equations. Ⅱ: applications to nonlinear harbor oscillations[J]. Journal of Waterway, Port, Coastal and Ocean Engineering, 2004, 130 (1): 17-28.

[52] ZHAO M, CHENG L, TENG B. Numerical simulation of solitary wave scattering by a circular cylinder array[J]. Ocean Engineering, 2007, 34 (3-4): 489-499.

[53] ZHAO M, TENG B, CHENG L. A new form of generalized boussinesq equations for varying water depth[J]. Ocean Engineering, 2004, 31 (16): 2047-2072.

[54] ZHONG Z, WANG K H. Modeling fully nonlinear shallow-water waves and their interactions with cylindrical structures[J]. Computers & Fluids, 2009, 38(5): 1018-1025.

[55] YU Y X, LI B X, ZHANG N C. Oblique and multi-directional random wave loads on vertical breakwaters[J]. China Ocean Engineering, 2003, (2): 188-200.

[56] MATSUMI Y, MANSARD E P D, RUTLEDGE J. Influence of wave directionality on stability of breakwater heads: Proceedings of the Coastal

Engineering Conference[C]. Kobe, 1995.
[57] MATSUMI Y, KIMURA A, OHNO K. Wave kinematics on breakwater heads and stability of armour layers under multidirectional waves[J]. Proceedings of the Coastal Engineering Conference, 1998, 2: 1906-1919.
[58] MATSUMI Y, KIMURA A, OHNO K. Stability of armour units on breakwater heads under multidirectional waves: Coastal Engineering 2000—Proceedings of the 27th International Conference on Coastal Engineering, ICCE 2000[C]. Sydney, NSW, Australia: 2000.
[59] 俞聿修，柳淑学，朱传华. 多向不规则波作用下斜坡式建筑物护面块体的稳定性[J]. 海洋学报(中文版)，2002，24(4)：92-104.
[60] 王丽勤. 二维与三维随机波浪对半圆型防波堤作用的研究[D]. 大连：大连理工大学，2006.
[61] 李孟国，秦崇仁，时钟. 近岸多向不规则波传播变形的数学模型[J]. 天津大学学报，2006，39(3)：289-294.
[62] BERKHOFF J C W. Computation of combined refraction-diffraction[J]. Coastal Engineering, 1972: 471-490.
[63] WEN S C, WU K, GUAN C, et al. A proposed directional function and wind-wave directional spectrum[J]. Acta Oceanologica Sinica, 1995, (2): 155-166.
[64] 李晓亮. 斜向和多向不规则波在斜坡堤上越浪量的研究[D]. 大连：大连理工大学，2008.
[65] 包艳. 多向不规则波波群的数值模拟研究[D]. 大连：大连理工大学，2006.
[66] TØRUM A, GUDMESTAD O T. Water wave kinematics[M]. Dordrecht: Kluwer Academic Publishers, 1990.
[67] WHITE B S, FORNBERG B. On the chance of freak waves at sea[J]. Journal of Fluid Mechanics, 1998, 355(0): 113-138.
[68] MALLORY J K. Abnormal waves on the south-east of South Africa[J]. Inst. Hydrog. Rev., 1974, (51): 89-129.
[69] LAVRENOV I V. The wave energy concentration at the Agulhas current off South Africa[J]. Natural Hazards, 1998, 17(2): 117-127.
[70] BENJAMIN T B, FEIR J E. The disintegration of wave trains on deep

water part 1. Theory [J]. Journal of Fluid Mechanics, 1967, 27(3): 417-430.

[71] DYACHENKO A I, ZAKHAROV V E. Modulation instability of stokes wave→freak wave[J]. JETP Lett, 2005, 81(6): 255-259.

[72] KHARIF C, PELINOVSKY E. Physical mechanisms of the rogue wave phenomenon[J]. European Journal of Mechanics B/Fluids, 22(6): 603-634.

[73] PELINOVSKY E, TALIPOVA T, KHARIF C. Nonlinear-dispersive mechanism of the freak wave formation in shallow water[J]. Physica D: Nonlinear Phenomena, 2000, 147(1-2): 83-94.

[74] SLUNYAEV A, KHARIF C, PELINOVSKY E, et al. Nonlinear wave focusing on water of finite depth[J]. Physica D: Nonlinear Phenomena, 2002, 173(1-2): 77-96.

[75] ZAKHAROV V E, DYACHENKO A I, VASILYEV O A. New method for numerical simulation of a nonstationary potential flow of incompressible fluid with a free surface[J]. European Journal of Mechanics B/Fluids, 2002, 21(3): 283-291.

[76] ZAKHAROV V, DIAS F, PUSHKAREV A. One-dimensional wave turbulence[J]. Physics Reports, 2004, 398(1): 1-65.

[77] TWERSKY V. Multiple scattering of radiation by an arbitrary planar configuration of parallel cylinders and by two parallel cylinders[J]. Journal of Applied Physics, 1952, 23(4): 407-414.

[78] SPRING B M, MONKMEYER P L. Interaction of plane waves with vertical cylinders[C]// International Conference on Coastal Engineering. 0: 1828-1847.

[79] MANIAR H D, NEWMAN J N. Wave diffraction by a long array of cylinders[J]. Journal of Fluid Mechanics, 1997, 339: 309-330.

[80] CALLAN M, LINTON C M, EVANS D V. Trapped modes in two dimensional waveguides [J]. Journal of Fluid Mechanics, 1991,229: 51-64.

[81] EVANS D V, PORTER R. Near-trapping of waves by circular arrays of vertical cylinders[J]. Applied Ocean Research, 1997, 19(2): 83-99.

[82] WANG C Z, WU G X. Interactions between fully nonlinear water waves and cylinder arrays in a wave tank[J]. Ocean Engineering, 2010, 37(4): 400-417.

[83] WANG C Z, WU G X. Time domain analysis of second-order wave diffraction by an array of vertical cylinders[J]. Journal of Fluids and Structures, 2007, 23(4): 605-631.

[84] WANG C Z, ENGINEERING G X W D, LONDON U C, et al. Simulations of interactions between nonlinear waves and multi or an array of cylinders[J]. Journal of Hydrodynamics, Ser. B, 2006,18(3): 127-133.

[85] AI C, JIN S. Non-hydrostatic finite volume model for non-linear waves interacting with structures[J]. Computers and Fluids, 2010, 39(10): 2090-2100.

[86] SILVA R, GOVAERE G, SALLES P. Wave Interaction with cylindrical porous piles[J]. Ocean Eng, 2003, 30 (14): 1719-1740.

[87] ENGELMAN M S, SANI R L, GRESHO P M. The implementation of normal and/or tangential boundary conditions in finite element codes for incompressible fluid flow[J]. International Journal for Numerical Methods in Fluids, 1982, 2(3): 225-238.

[88] HOWARD D, CONNOLLEY W M, ROLLETT J S. Unsymmetric conjugate gradient methods and sparse direct methods in finite element flow simulation[J]. International Journal for Numerical Methods in Fluids, 1990, 10(8): 925-945.

[89] LARSEN J, DANCY H. Open boundaries in short wave simulations—a new approach[J]. Coastal Engineering, 1983, 7(3): 285-297.

[90] BERKHOFF J C W, BOOY N, RADDER A C. Verifications of numerical wave propagation models for simple harmonic linear water waves[J]. Coastal Engineering, 1982, 6(3): 255-279.

[91] WHALIN R W. The limit of applicability of linear wave refraction theory in a convergence zone[J]. U. S. Army Corps of Engineer Waterways Experiment Station, Vicksburg, M. S. 1971.

[92] LIU P L F, YOON S B, KIRBY J T. Nonlinear refraction-diffraction of waves in shallow water[J]. Journal of Fluid Mechanics, 1985, 153: 185-201.

[93] YATES G W, WANG K H. Solitary wave scattering by a vertical cylinder: experimental Study[C]// Japan: Proceedings of the fourth (1994) international offshore and polar engineering conference, 1994.

[94] WEI G, KIRBY J T, SINHA A. Generation of waves in boussinesq models using a source function method[J]. Coastal Engineering, 1999, 36(4): 271-299.

[95] LEE C, KIM G, SUH K D. Comparison of time-dependent extended mild-slope equations for random waves[J]. Coastal Engineering, 2006, 53(4): 311-318.

[96] 柳淑学，滕斌. 数值计算域内产生波浪的方法[J]. 水动力学研究与进展(A辑), 2002, 17(4): 400-412.

[97] LIU S X, TENG B, YU Y X. Wave generation in a computation domain [J]. Applied Mathematical Modelling, 2005, 29(1): 1-17.

[98] GODA Y. A comparative review on the functional forms of directional wave spectrum[J]. Coastal Engineering Journal, 1999, 41(1): 1-20.

[99] YU Y X, LIU S X. Numerical simulation of multi-directional waves[J]. Proceedings of the ISOPE, 1991, 91: 26-32.

[100] HASHIMOTO N K K A K. Estimation of directional spectrum using the bayesian approach and its application to field data analysis[J]. Report of Port and Harbor Research Institute, Ministry of Transport, 1987, 26(5): 57-100.

[101] SILVA R, BORTHWICK A G L, TAYLOR R E. Numerical implementation of the harmonic modified mild-slope equation[J]. Coastal Engineering, 2005, 52(5): 391-407.

[102] GREENHOW M, VINJE T, BREVIG P, et al. A theoretical and experimental study of the capsize of salter's duck in extreme waves[J]. Journal of Fluid Mechanics, 1982, 118: 221-239.

[103] CHAPLIN J R. On frequency-focusing unidirectional waves[J]. International Journal of Offshore and Polar Engineering, 1996, 6(2): 131-137.

[104] BALDOCK T E, SWAN C, TAYLOR P. A laboratory study of nonlinear surface waves on water[J]. Philosophical Transactions of the Royal Society: Mathematical, Physical and Engineering Sciences, 1996, 354

(A)：649-676.

[105] 李金宣. 多向聚集极限波浪的模拟研究[D]. 大连：大连理工大学，2008.

[106] 孙一艳. 二维聚焦波浪及其与直立圆柱作用的研究[D]. 大连：大连理工大学，2010.

[107] MANSARD E P D, FUNKE E R. A new approach to transient wave generation[C]//Proceedings of the International Conference on Coastal Engineering, 1982, 18.

[108] CLAUSS G F. Task-related wave groups for seakeeping tests or simulation of design storm waves[J]. Applied Ocean Research, 1999, 21(5): 219-234.

[109] GUNTHER F C. Dramas of the sea: episodic waves and their impact on offshore structures [J]. Applied Ocean Research, 2002, 24 (3): 147-161.

[110] DAWSON T H, KRIEBEL D L, WALLENDORF L A. Breaking waves in laboratory-generated jonswap seas [J]. Applied Ocean Research, 1993, 15(2): 85-93.

[111] KRIEBEL D L, ALSINA M V. Simulation of extreme waves in a background random sea[C]//Proceedings of the fourth (1994) international offshore and polar engineering conference, USA, 2000.

[112] SCHLURMANN T, LENGRICHT J, GRAW K-U. Spatial evolution of laboratory generated freak waves in deep water depth[C]//Proceedings of the fourth (1994) international offshore and polar engineering conference, USA, 2000.

[113] JOHANNESSEN T B, SWAN C. A laboratory study of the focusing of transient and directionally spread surface water waves[J]. Royal Society of London Proceedings Series A, 2000, 457(2008): 971-1006.